Scannendes Verfahren zur flexiblen Messung asphärischer Optiken

Scanning Method for Flexible Measurement of Aspherical Optics

Von der Fakultät für Maschinenwesen
der Rheinisch-Westfälischen Technischen Hochschule Aachen
zur Erlangung des akademischen Grades eines
Doktors der Ingenieurwissenschaften
genehmigte Dissertation

vorgelegt von

Jörn Riedel

Berichter/in:

Univ.-Prof. Dr.-Ing. Robert Heinrich Schmitt
Univ.-Prof. Dr. rer. nat. Peter Loosen

Tag der mündlichen Prüfung: 15. August 2023

Diese Dissertation ist auf den Internetseiten der Universitätsbibliothek online verfügbar.

ERGEBNISSE AUS DER PRODUKTIONSTECHNIK

Jörn Riedel

Scannendes Verfahren zur flexiblen Messung asphärischer Optiken

Herausgeber:
Prof. Dr.-Ing. T. Bergs
Prof. Dr.-Ing. Dipl.-Wirt. Ing. G. Schuh
Prof. Dr.-Ing. C. Brecher
Prof. Dr.-Ing. R. H. Schmitt

Band 28/2023

Bibliografische Information der Deutschen Nationalbibliothek
Die Deutsche Nationalbibliothek verzeichnet diese Publikation in der Deutschen Nationalbibliografie; detaillierte bibliografische Daten sind im Internet über https://portal.dnb.de abrufbar.

Jörn Riedel:

Scannendes Verfahren zur flexiblen Messung asphärischer Optiken

1. Auflage, 2023

Gedruckt auf holz- und säurefreiem Papier, 100% chlorfrei gebleicht.

Wissenschaftsverlag des Instituts für Industriekommunikation und Fachmedien
an der RWTH Aachen
Steinbachstr. 25, 52074 Aachen
Internet: www.apprimus-verlag.de, E-Mail: info@apprimus-verlag.de

Druck: CPI Druckdienstleistungen GmbH
Ferdinand-Jühlke-Straße 7 | 99095 Erfurt

ISBN 978-3-98555-177-4

D 82 (Diss. RWTH Aachen University, 2023)

Inhaltsverzeichnis

Abbildungsverzeichnis

Kapitel 1

Einleitung

1.1 Motivation

Optische Bauteile befinden sich heute in einer Vielzahl von alltäglichen Produkten, angefangen von Kameraobjektiven in Mobiltelefonen oder Autoscheinwerfern bis hin zu Teleskopen für die Beobachtung des Weltraums. Um ihre gewünschte Funktion erfüllen zu können müssen sie häufig Toleranzen im Bereich weniger Mikrometer oder sogar Nanometer einhalten.

Für die Fertigung optischer Bauteile gibt es verschiedene Verfahren, auf welche in Kapitel 2 eingegangen wird. All diesen Verfahren ist gemein, dass eine Überprüfung der Toleranzen des gefertigten Bauteils zumindest stichprobenartig erfolgen muss um den Fertigungsprozess gemäß den geforderten Bedingungen einhalten zu können. Messtechnik, welche diese Bauteile prüfen kann, ist folglich ein notwendiger Bestandteil eines jeden Fertigungsprozesses.

Die Oberfläche bzw. die Form des Bauteils kann für die Überprüfung nach DIN 4760 in drei Kategorien unterteilt werden: Form, Welligkeit und Rauheit, wobei die Rauheit mehrere Unterkategorien enthält [Ne82]. Eine vollflächige Erfassung der Rauheit ist zum einen nicht realistisch umsetzbar[1], zum anderen aber auch in der Regel durch stichprobenhafte Prüfung kleinerer Teilbereiche ausreichend substituierbar. Dies wird mit höher auflösenden Systemen mit kleineren Messbereichen wie z.B. Weißlichtinterferometern realisiert. Für die vollflächige Überprüfung ist die Fokussierung auf die Form und Welligkeit bei einem industriellen Einsatz wirtschaftlich sinnvoll.

[1] Eine vollflächige Erfassung der Rauheit einer Linse mit $30\,\mathrm{mm}$ Durchmesser mit der notwendigen lateralen Abtastung im Bereich von $0{,}5\,\mu\mathrm{m}$ bis $1{,}0\,\mu\mathrm{m}$ besteht aus über $3 \cdot 10^9$ Datenpunkten, was bei einer typischen Aufnahmegeschwindigkeit von $100\,\mathrm{kHz}$ Messzeiten von über $500\,\mathrm{min}$ bedeutet.

Eine besondere Form optischer Bauteile, welche in jüngster Vergangenheit zunehmende Bedeutung bei der Auslegung optischer Systeme erlangt haben, sind sogenannte Asphären, welche im folgenden Kapitel 2 eingeführt werden. Anschließend wird im Kapitel 3 der Stand der Technik für den Bereich Messtechnik von optischen Bauteilen im Allgemeinen und Asphären im Besonderen aufgearbeitet und die Anforderungen an ein modernes Messsystem abgeleitet.

Wie dargestellt wird, sind die Anforderungen an eine geeignete Messtechnik für die Fertigungsbegleitung hoch und die meisten aktuellen Lösungen teuer oder unflexibel und zum Teil nicht in der Lage komplexe optische Bauteile wie Asphären zu erfassen.

In Kapitel 4 wird ein neues Konzept für ein Messsystem für Asphären vorgestellt, welches im Rahmen dieser Arbeit untersucht und bewertet wird. Ziel dieser Arbeit ist die Beantwortung der leitenden Forschungsfrage

Können Form und Welligkeit einer Asphäre mit einem scannenden, flexiblen System erfasst werden?

Diese Frage lässt sich herunterbrechen in die Teilfragen nach der Auslegung eines scannenden Systems sowie der Unsicherheit, welche ein scannendes System aufweist und ob dies die Anforderungen erfüllt:

Unterfrage 1: Welche Randbedingungen müssen bei der Auslegung eines scannendes System beachtet werden und welche Abhängigkeiten ergeben sich daraus?

Unterfrage 2: Welche Unsicherheit weist ein scannend messendes System auf?

Unterfrage 3: Ist die erreichbare Unsicherheit ausreichend für den Einsatz eines scannendes Messsystems?

1.2 Forschungsansatz

Für die Beantwortung der oben gestellten Forschungsfrage wird die Untersuchung eines flexiblen Prüfstandes für die Asphärenvermessung konzipiert und analysiert. Insbesondere wird eine virtuelle Nachbildung jenes Prüfstandes entworfen, sowie die notwendigen Komponenten charakterisiert und mit einem realen Aufbau verglichen. Anhand dieses Vergleichs lassen sich einerseits Schlüsse über die Modellierbarkeit eines komplexen optischen Aufbaus mit größtenteils aktiven Komponenten ziehen, und andererseits die Eignung des aufgebauten Prüfstandes für die Optikprüfung einschätzen.

Nach dem Modell von Ulrich für angewandte Forschung ist die Grundstruktur in sieben Aspekte zu unterteilen. [Ulr84]

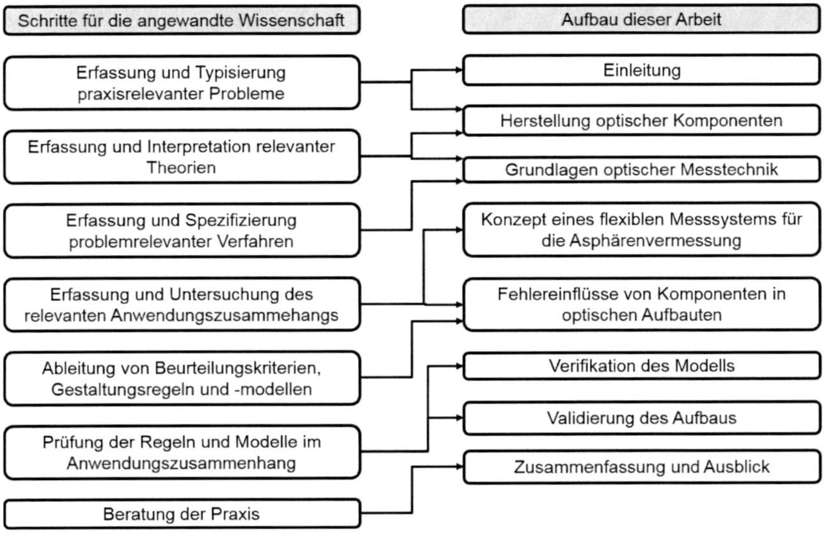

Abbildung 1.1: Das Modell nach Ulrich sowie dessen Projektion auf die Gliederung dieser Arbeit

Ausgangspunkt ist dabei die Problemerfassung, wo eine in der Praxis relevante Problemstellung dargestellt und der Bedarf einer Lösung aufgezeigt wird. Dazu wird in Kapitel 2 der Stand der Technik im Bereich der Optikfertigung aufgearbeitet und anschließend in Kapitel 3 die verfügbaren Möglichkeiten zur Messung dargestellt und daraus der Bedarf einer Messtechnik für diesen Anwendungsbereich erläutert. Darauf aufbauend werden die problemrelevanten Theorien und Hypothesen der empirischen Grundwissenschaften näher beleuchtet und in Verbindung mit der Problemstellung gebracht. Dies findet parallel zur Einführung der jeweiligen Thematik in den Kapiteln 2 und 3 statt.

Anschließend folgen die Erfassung und Spezifizierung problemrelevanter Verfahren der Formalwissenschaften (Kap. 3) und die Erfassung und Untersuchung des relevanten Anwendungszusammenhangs. Hierzu werden die gängigen Theorien mit den verwendeten Komponenten in Verbindung gebracht und deren Einflüsse auf das System untersucht (Kap. 5).

Dies ermöglicht die Ableitung von Beurteilungskriterien, Gestaltungsregeln und -modellen (Kap. 4) mit einer analytischen Betrachtung der Komponenten in Kapitel 5 und die Prüfung der Regeln und Modelle im Anwendungszusammenhang anschließend im Kapitel 6 und 7, in welchem die zuvor erarbeiteten Teilbereiche verknüpft werden und eine Evaluierung des Systems vorgenommen wird.

Das vorgestellte Verfahren schließt die derzeit existierenden Lücken im Bereich der Messverfahren für die Fertigungsbegleitung in der Optik und wird die Auswahl an Messtechnik um ein weiteres Werkzeug ergänzen, welches für die Charakterisierung moderner asphärischer optischer Bauteile zur Verfügung steht, so bildet die Beratung der Praxis (Kap. 8) den Abschluss.

Kapitel 2

Herstellung optischer Komponenten

In diesem Kapitel werden zunächst die Definition und Beschreibung der Asphäre eingeführt und anschließend die Vorteile ihres Einsatzes erläutert. Darauffolgend werden die beiden etablierten Fertigungsverfahren für optische Bauteile, Direktfertigung und Replikation, vorgestellt, welche auch für die Asphärenfertigung eingesetzt werden. Dabei wird der bestehende Bedarf an Messtechnik für die Vermessung von Asphären bei der Fertigung dargelegt.

2.1 Beschreibung von Asphären

Eine Asphäre bezeichnet in der Optik eine Oberflächenform, die grob eine Kugelform aufweist, im Detail aber leicht von dieser abweicht. Sie ist in der Regel in Form einer Sammellinse realisiert und dient der Strahlformung in Abbildungsstrahlengängen.

Eine mathematische Beschreibung der Oberfläche einer Asphäre kann durch die sog. Pfeilhöhe h erfolgen, welche die Höhe der Oberfläche gegenüber einer durch den Scheitel gezogenen Ebene angibt. Sie wird in der Asphärengleichung beschrieben:

$$h(r) = \frac{r^2}{R\left(1+\sqrt{1-(1+k)\frac{r^2}{R^2}}\right)} + a_4 r^4 + a_6 r^6 + a_8 r^8 + a_{10} r^{10} + \ldots \tag{2.1}$$

mit

h: Pfeilhöhe der Asphäre

r: Radius des betrachteten Punktes (vom Scheitel der Asphäre aus)

R: Scheitelpunktsradius

k: konische Konstante

$a_4, a_6, a_8, a_{10} \ldots a_n$: Asphärenparameter

Asphären sind dabei rotationssymmetrisch um den Scheitelpunkt herum, wodurch eine lineare Beschreibung des Profils ausreicht. Asphärenparameter sind auch in höherer Ordnung noch möglich, in der Praxis wird die Beschreibung jedoch meist nach a_{10} beendet, da höhere Ordnungen durch die hohen Potenzen von r schnell unerwünschte Fluktuationen einbringen können [TM11].

Die Beschreibung durch diese Gleichung ist nicht eineindeutig, es gibt eine Vielzahl an Kombinationen bestimmter Asphärenparameter, welche eine, bis auf wenige Picometer, identische Oberfläche beschreiben. Es gibt Ansätze die Asphärenbeschreibung durch ein orthonormales Bezugssystem eindeutig zu gestalten, die Forbes-Polynome [For07] [FB08]. Dies hat sich in der Praxis bisher jedoch nicht durchgesetzt. Daher werden in dieser Arbeit die in der Industrie etablierten Asphärenparameter verwendet.

Die konische Konstante k beschreibt die Grundform der Sphäre, auf die die asphärischen Abweichungen aufsetzen. Ihre Wertebereiche und deren Auswirkungen sind in Tabelle 2.1 zusammengefasst.

konische Konstante k	Art der Fläche
$k = 0$	Sphäre
$k > -1$	Ellipsoid
$k = -1$	Paraboloid
$k < -1$	Hyperboloid

Tabelle 2.1: Auswirkung der konischen Konstante

Eine weitere wichtige Kenngröße ist die Apertur D. Diese beschreibt den Durchmesser der aktiven Querschnittsfläche des optischen Bauteils, welche an der Strahlformung beteiligt ist. Das Öffnungsverhältnis o beschreibt das Verhältnis zwischen Apertur D und Brennweite f. Es gilt $o = \frac{D}{f}$. Eine kleine Brennweite bzw. große Apertur bewirken ein hohes Öffnungsverhältnis, welches sich in der realen Linse in starker Neigung der Linsenoberfläche zum Rand von 20° und mehr relativ zur Hauptebene hin äußert. Diese Neigung stellt für viele Prüfverfahren eine Schwierigkeit dar, so dass Asphären mit hohem Öffnungsverhältnis häufig besonders schwer zu prüfen sind.

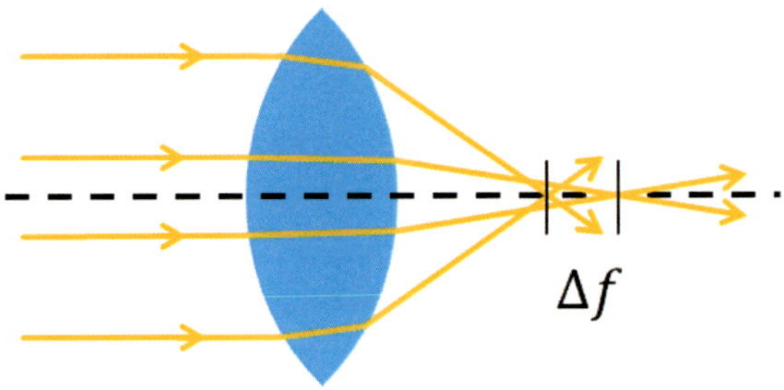

Abbildung 2.1: Veranschaulichung des Fokusfehlers durch sphärische Aberration, nach [Dem06, 277], Δf bezeichnet hier die Abweichung des Schnittpunktes der Randstrahlen von dem der achsnahen Strahlen

2.2 Einsatz von Asphären

Die Optik stellt sehr hohe Anforderungen an die Qualität und Toleranzen gefertigter Linsen, da selbst kleine Abweichungen zumeist eine dramatische Verschlechterung der optischen Abbildungseigenschaften bewirken. Klassischerweise wurden daher in optischen Anwendungen lange Zeit sphärische Linsen verwendet, da diese bei Beschränkung auf achsnahe Strahlen gute Abbildungseigenschaften haben und gleichzeitig die mechanische Fertigung aufgrund der einer Kugel inhärenten Eigenschaften mit begrenzten technischen Mitteln reproduzierbar möglich war [Gub10] [FXA+13] [Rub85].

Die Kernaufgabe einer konvexen optischen Linse ist das Fokussieren von Licht in den Brennpunkt bzw. Fokus, bei konkaven das Erzeugen eines auseinanderlaufenden Lichtbündels, so dass ein imaginärer Fokus entsteht. Der Abstand zwischen Linsenmitte und Brennpunkt wird als Brennweite f bezeichnet. Eine theoretisch perfekte Linse sammelt das gesamte einfallende Lichtbündel auf einem Punkt, an dem sich alle Strahlen schneiden. Allerdings bringen sphärische Linsen geometrisch bedingte Abbildungsfehler, als sphärische Aberration bezeichnet, mit sich, insbesondere für sogenannte Randstrahlen, welche weit entfernt von der optischen Achse der Linse durch diese laufen. In der Optik gibt es die Annahme der achsnahen oder paraxialen Strahlen, für die die Abbildungseigenschaften einer Sphäre nahezu perfekt sind. Diese Annahme trifft jedoch nicht mehr zu, wenn Strahlen weiter entfernt von der optischen Achse betrachtet werden, wie in Abbildung 2.1 gezeigt [Dem06, S.277ff.].

Für Systeme, die auf hohen Lichtdurchsatz ausgelegt werden, also eine große Apertur (Querschnitt der Linse, detaillierte Beschreibung in Kap. 3.2) und kleine Blendenzahl erfordern, wirkt sich dieses Problem besonders stark aus. Ein Ansatz zur Reduktion der Fehler ist die Kombination mehrerer optischer Elemente, welche jeweils nur eine geringe Brechkraft haben und somit kleinere Fehler aufweisen. Dadurch wird der Gesamtaufbau allerdings größer und schwerer sowie insgesamt komplexer, da die Anzahl der Elemente zunimmt. Hier können asphärische Linsen die Anzahl der benötigten Elemente reduzieren und gleichzeitig die Abbildungsqualität verbessern. [KS08] [Gol97]

Um der sphärischen Aberration entgegenzuwirken kann die Geometrie der Linse verändert werden, so dass die Abbildungsfehler in den Randbereichen durch ein Abweichen von der sphärischen Form der Linse kompensiert werden. So entsteht eine Optik, die auch in den weiter außenliegenden Bereichen der Apertur geringe Aberrationen im Vergleich zu einer sphärischen Optik aufweist. Im Beispiel von [Opt] zieht die Ersetzung einer sphärischen durch eine asphärische Linse die Reduktion der Spotgröße im Fokus von ca. $710\,\mu m$ auf unter $10\,\mu m$ nach sich. Zusätzlich zur Spotgröße sind auch andere Eigenschaften der optischen Abbildung wie z.B. die Wellenfrontabweichung betroffen, welche beispielhaft in [Gub10] durch den Einsatz asphärischer Optiken von 3λ auf weniger als 1λ reduziert werden kann.

Auch kann z.B. die Schärfentiefe eines Abbildungssystems drastisch durch den Einsatz bestimmter Asphären verbessert werden, die mit dem Einsatz klassischer sphärischer Optiken nicht erreichbar ist [GC03].

Solche Optiken fanden ihren ersten Einsatz in hochpräzise abbildenden Systemen wie Fernrohren und Mikroskopen, wo sie wesentlich zur Verbesserung der Abbildungsqualität beitragen. Inzwischen sind sie ebenso in den Abbildungsoptiken von großen Kameraobjektiven angekommen wie auch in den replikativ hergestellten Kunststoffoptiken von Mobilfunktelefonkameras oder optischen Laufwerken wie DVD- und BluRay-Playern, wo eine Kunststoffschicht mit asphärischer Form auf einen sphärischen Glas-Grundkörper aufgepresst wird. [Jer05] [JM08] [Joh12]

2.3 Direktfertigung

Die meistgenutzte Art der Optikfertigung ist die Direktfertigung. Dabei wird jede einzelne Optik aus einem Rohling mit immer feiner werdenden Bearbeitungsschritten hergestellt, bis die gewünschte Form erreicht ist.

Dazu sind heute unter anderem folgende Fertigungsverfahren im Einsatz:

- Schleifen

- Polieren
- Magnetorheologisches Polieren
- Ion-Beam Figuring

Um die geforderten Unsicherheiten zu erreichen müssen die gefertigten Optiken häufig kontrolliert und je nach Ergebnis dieser Kontrolle nachgearbeitet werden. Hier ist die Messtechnik eine unverzichtbare Hilfestellung für die Erreichung höchster Präzision.

Die Direktfertigung wird häufig verwendet für Hochpräzisionsoptiken für wissenschaftliche Anwendungen oder für die professionelle Fotografie. [JM08] [KS08] [Joh12]

2.4 Replikation

Ein weiteres Verfahren zur Fertigung von Optiken ist die Replikation. Dabei wird das Rohmaterial, Glas oder Kunststoff, in ein Formwerkzeug gegeben und dann unter Einwirkung von Druck und Wärme in diese Form gepresst. Während dieses Verfahren ursprünglich für Kunststoffoptiken entwickelt wurde, finden sich nun auch immer mehr replizierte Glasoptiken. [KDA+13]

Dieses Verfahren eignet sich für mittlere bis große Stückzahlen, da der Initialaufwand für die Werkzeugherstellung recht hoch ist, während die nachfolgende Replikation deutlich weniger aufwändig als die Direktfertigung ist.

Die Herstellung des Formwerkzeugs wird dabei mit klassischen Bearbeitungsverfahren wie Fräsen oder Drehen durchgeführt, wobei die Oberfläche des Formwerkzeugs je nach Anforderung und Güte des Fräs- oder Drehprozesses noch mit einem Polierprozess nachgearbeitet werden muss. Ebenso ist es üblich, die Werkzeugoberfläche durch Beschichtung zu härten, wodurch die Standzeit des Werkzeugs erhöht werden kann.

Das Formwerkzeug und die ersten replizierten Optiken müssen dabei nach ihrer Herstellung bezüglich Ihrer Formhaltigkeit geprüft werden um sicherzustellen, dass die resultierenden Bauteile den Spezifikationen genügen. Auch hier ist die Messtechnik ein notwendiges Instrument zur Unterstützung der Fertigungsverfahren zur Erreichung höchster Güte.

Beispiele für mit diesem Verfahren hergestellte Optiken sind kostengünstige Optiken aus dem Konsumer-Bereich und der Unterhaltungselektronik, die teils nur wenige Eurocent pro Stück kosten. [JM08]

2.5 Vor- und Nachteile beider Verfahren

Die Direktfertigung ermöglicht eine hohe Flexibilität in der Fertigung, da jedes Bauteil im Prinzip eine Einzelanfertigung ist und somit Anpassungen und Änderungen jederzeit möglich sind. Die Replikation hingegen liefert hohe Stückzahlen bei geringerem Aufwand für das jeweils einzelne Bauteil. Die Einrichtungskosten sind bei der Replikation allerdings um ein Vielfaches höher, da für jede Bauteilform ein eigenes Formwerkzeug zur Verfügung stehen muss.

Beide Verfahren haben eine entgegengesetzte Spezialisierung. Direktfertigung wird für die Herstellung von Linsen höchster Genauigkeit in kleinen Stückzahlen genutzt, während die Replikation häufig bei der „Massenproduktion" von leicht ungenaueren Optiken Anwendung findet. Dies ist jedoch nicht unbedingt allgemeingültig, da je nach Kontrolle des Formwerkzeugs und der Randbedingungen beim Replikationsprozess ebenfalls ein sehr gutes Ergebnis erzielt werden kann.

Beiden Verfahren ist gemein, dass bei der Fertigung der optischen Bauteile Messtechnik unterstützend zum Einsatz kommen muss um die Toleranzen der Bauteile einhalten zu können.

Kapitel 3

Grundlagen optischer Messtechnik

In diesem Kapitel werden die Grundlagen optischer Messtechnik erläutert, die für die Vorstellung, anschließende Modellierung und die Analyse des neuen Messkonzeptes notwendig sind. Darüber hinaus wird auf bereits existierende Verfahren, welche für die fertigungsbegleitende Überprüfung von optischen Bauteilen eingesetzt werden, eingegangen. Ein abschließender Vergleich dieser Verfahren ermöglicht die Einordnung der Verfahren zueinander und ist die Grundlage für die Ableitung von Anforderungen an das neue Messverfahren zur sinnvollen Ergänzung des Stands der Technik im nächsten Kapitel 4.

3.1 Licht als Sensor

Optische Messtechnik nutzt Licht als Sensor, um mit seiner Hilfe Informationen über das Objekt zu gewinnen, welches dieses Licht reflektiert oder transmittiert hat.

Für eine Messung wird Licht vor der Messung in eine bekannte Konfiguration gebracht und nach der Messung untersucht, wie sich bestimmte Eigenschaften verändert haben. Dazu stehen eine ganze Reihe von Eigenschaften des Lichtes zur Verfügung, die genutzt werden können

- Intensität
- Phase
- Wellenlänge & Energie
- Polarisation

Alle diese Größen können punktuell oder in ihrer räumlichen Verteilung betrachtet werden. Klassische Messverfahren wie die Lichtmikroskopie basieren vor allem auf einer Betrachtung der Intensität. Die im Folgenden erläuterten Verfahren konzentrieren sich hingegen auf die Auswertung der Phaseninformation des Lichtes.

Für die Betrachtung der Ausbreitung des Lichtes werden Beugungseffekte vernachlässigt, es wird die sogenannte geometrische Optik verwendet. Daher wird zunächst eine kurze Einführung in die geometrische Optik vorgenommen, um die Rahmenbedingungen für die Betrachtung abzustecken um dann anschließend in die Beschreibung des interferometrischen Messverfahrens einzusteigen. [Dem06]

3.2 Geometrische Optik

Viele Problemstellungen in der Optik betrachten nur die Intensität und deren räumliche Verteilung. Informationen über Polarisation oder Wellenlänge sind nicht erforderlich. Sind die Größenordnungen, in welchen die Intensitätsverteilung betrachtet wird, ausreichend groß im Vergleich zur Wellenlänge, so können die Welleneigenschaften des Lichts (hauptsächlich Beugung) für die Betrachtung der Ausbreitung unterschlagen werden. Dieser Ansatz wird als geometrische Optik gezeichnet, weil in ihr das Licht in Medien konstanten Brechungsindexes stets gerade Linien zurücklegt und nur bei variierendem Brechungsindex die Ausbreitungsrichtung ändert. Zusätzlich wird der Durchmesser eines einzelnen Strahls als konstant angenähert, was in der Realität ebenfalls nicht der physikalischen Wahrheit entspricht, da ein Lichtstrahl über weite Strecken betrachtet stets divergiert [Mes17, S.41ff].

Die Strahldurchmesser, die für die vorliegende Anwendung betrachtet werden, liegen im Bereich von einem Millimeter, mehr als das 1500-fache der verwendeten Wellenlänge. Daher sind Polarisation und Beugung, wie oben beschrieben, nicht von Bedeutung und in der Betrachtung der Komponentenanordnung, der Planung des Aufbaus sowie der Auswertung der Messdaten kann auf die geometrische Optik zurückgegriffen werden.

Grundlage der geometrischen Optik bildet das Fermatsche Prinzip, woraus sich die Axiome der geometrischen Optik ableiten lassen. Sie sind im folgenden aufgelistet:

1. In homogenem Material folgen Lichtstrahlen einer Geraden.

2. An der Grenze zwischen zwei homogenen isotropen Materialien wird Licht gemäß des Reflexionsgesetzes reflektiert und nach dem Brechungsgesetz gebrochen (siehe Kapitel 3.2.1).

3. Der Strahlengang ist umkehrbar.

4. Lichtstrahlen durchkreuzen einander ohne gegenseitige Beeinflussung.

Diese Annahme ermöglicht das sogenannte Raytracing, auch als Strahlverfolgung bekannt, welches für die Betrachtung der Ausbreitung von Licht genutzt werden kann. Gemäß der Annahme der geometrischen Optik sind nichtlineare Effekte hoher Intensitäten sowie Abweichungen vom geradlinigen Strahlengang durch Beugung nicht beschreibbar [Dem06, S.260].

Im Fall der vorliegenden Arbeit wird auf Raytracing zurückgegriffen um den Verlauf des Lichtes durch den Aufbau zu verfolgen sowie die Reflexion des Lichtes an den einzelnen Komponenten zu beschreiben. Dies ist zulässig, da keine mikroskopischen Objekte im Strahlengang vorhanden sind, die eine Betrachtung der Wellennatur nötig machen. Darüber hinaus sind die Oberflächen, an denen die Reflexion betrachtet wird, ausreichend groß und glatt, so dass eine Betrachtung durch das Reflexionsgesetz zulässig ist, mehr dazu in Kapitel 3.2.1.

Ein Lichtstrahl weist in der Realität stets einen endlichen Durchmesser auf, der sich aufgrund der Wellennatur des Lichts im Laufe der Propagation der Welle vergrößert und seinen kleinsten Wert in der sog. Strahltaille hat [Car72]. Für eine Abschätzung, ob diese Tatsache in der vorliegenden Arbeit berücksichtigt werden muss, wird die Divergenz, das Auseinanderlaufen des Strahls abgeschätzt. Die Divergenz eines Lichtstrahls mit der Wellenlänge λ in Ausbreitungsrichtung z im Fernfeld, also deutlich weiter von der Strahltaille entfernt als die Wellenlänge, ist nach [Car72] näherungsweise durch folgende Formel beschrieben:

$$\frac{\partial\sigma}{\partial z} \propto \frac{\lambda}{2\pi\sigma_0} \tag{3.1}$$

wobei $\frac{\partial\sigma}{\partial z}$ die Änderung des Strahlquerschnitts in axialer Richtung (z) und σ_0 den ursprüngliche Radius des Lichtstrahls in der Strahltaille kennzeichnen. Für einen Laserstrahl eines Helium-Neon-Lasers mit einer Wellenlänge von $\lambda = 632{,}8\,\text{nm}$ und einem Radius in der Strahltaille von ca. 1 mm ergibt sich so eine Aufweitung von etwa $1,007 \cdot 10^{-5}$, was einem Öffnungswinkel von etwa $0,1$ mrad entspricht. Bei einem vorliegendem Gesamtstrahlweg von ca. zwei Metern bedeutet dies eine Aufweitung um $0{,}2\,\text{mm}$. Das in dieser Arbeit verwendete Interferometer, welches das Licht nach dieser Strecke wieder empfängt, verfügt über eine ausreichend große Öffnung

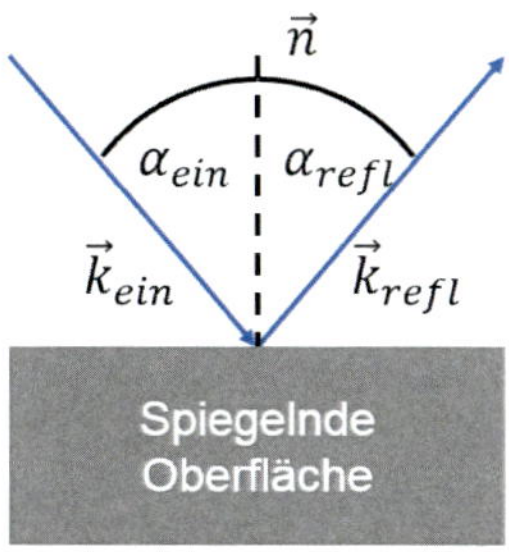

Abbildung 3.1: Schematische Darstellung für die Reflexion eines Lichtstrahls an einer spiegelnden Oberfläche. Der einfallende Strahl wird durch den Vektor $\vec{k}_{ein}$ beschrieben, der reflektierte durch $\vec{k}_{refl}$. Die Einfalls- und Reflexionswinkel α_{ein} bzw. α_{refl} sind relativ zur Oberflächennormale $\vec{n}$ definiert (nach [Dem06, S.233]).

zum Empfang des rücklaufenden Lichtes und ist für die vorhandenen Messstrecken ausgelegt. Damit ist die Strahlaufweitung für die weitere Betrachtung vernachlässigbar.

Die Nutzung der geometrischen Optik im Rahmen dieser Arbeit ist auf Basis dieser Betrachtung zulässig.

3.2.1 Interaktion mit Materie

Im Rahmen dieser Arbeit werden spiegelnde Oberflächen für die Umlenkung eines Lichtstrahl verwendet. Für diese makroskopische Interaktion zwischen Licht und Materie gilt im Rahmen der geometrischen Optik eine einfache Betrachtungsweise, welche schematisch in Abbildung 3.1 gezeigt ist. Für diese Konfiguration gilt Einfallswinkel gleich Reflexionswinkel $\alpha_{ein} = \alpha_{refl}$ relativ zur Oberflächennormale [Dem06, S.233]. Die Reflexion an diffus streuenden Oberflächen sowie Brechung sind im Rahmen dieser Arbeit nicht relevant und werden an dieser Stelle nicht näher erläutert.

3.3 Interferometrie

Ein Laserinterferometer besteht im Kern aus einer kohärenten Lichtquelle und einem Michelson-Interferometer. Die Lichtquelle kann, wie bei dem in dieser Arbeit verwendeten System, ein

Helium-Neon-Laser (He-Ne-Laser) mit einer zentralen Wellenlänge von $632{,}8\,\text{nm}$ sein, da diese sehr frequenzstabil gebaut werden können.

Im Michelson-Interferometer wird das kohärente Licht am Strahlteiler in zwei Arme aufgeteilt. Ein Arm ist der Messarm, dort wird das Licht bis zum Messobjekt geleitet, dort reflektiert und fällt dann zurück ins Interferometer. Der Referenzarm wird intern an einem Referenzspiegel reflektiert. Anschließend wird das rückreflektierte Licht aus Mess- und Referenzarm überlagert und auf eine Photodiode oder Kamera abgebildet. Dort findet Interferenz zwischen dem Licht aus dem Messarm und dem Licht aus dem Referenzarm statt. Je nach Weglängen- und damit Phasenunterschied zwischen den beiden Teilwellen tritt konstruktive Interferenz, destruktive Interferenz oder ein Zwischenzustand auf. Wird nun der Messarm in der Länge variiert, d.h. dass sich der optische Wegunterschied zwischen Interferometer und Messobjekt ändert, so ändert sich auch die Phasendifferenz und mit ihr die Interferenz. Diese Änderung wird durch den Detektor erfasst und kann ausgewertet werden. Eine Variation der Helligkeit von maximaler zu minimaler Helligkeit (oder umgekehrt) entspricht dabei dem Unterschied zwischen konstruktiver und destruktiver Interferenz. Dieser Unterschied bedeutet eine Änderung von einer halben Wellenlänge $\frac{\lambda}{2}$ in der durchlaufenen Wegstrecke. Da das Licht die Strecke des Messarms zweimal durchläuft, auf dem Hin- und Rückweg, lässt sich damit der Übergang von destruktiver zu konstruktiver Interferenz mit einer Weglängenänderung von $\frac{\lambda}{4}$ im Messarm verknüpfen.

Im einfachsten Fall ist die Abstandsmessung mit Laserinterferometrie nicht eindeutig, da der Signalverlauf in beide Bewegungsrichtungen der Probe identisch aussehen kann, wenn aktuell ein Extremwert in der beobachteten Intensität vorliegt. Zur Bestimmung der Richtung der Bewegung muss daher zusätzlicher Aufwand betrieben werden. Dazu wird ein zweiter Auswerte-Strahlengang genutzt, der vom Hauptstrahl abgezweigt wird. Es wird dabei unterschieden zwischen homodynen und heterodynen Interferometern. Im Falle heterodyner Interferometer wird in der Laserquelle durch ein Magnetfeld der Zeeman-Effekt hervorgerufen, der die Aufspaltung des Laserniveaus in zwei nahe beieinanderliegende Niveaus zur Folge hat. So entstehen zwei, minimal zueinander verschobene Wellenlängen. Durch Überlagerung entsteht dabei eine Schwebung im Interferenzsignal, die für die Richtungserkennung genutzt werden kann [DT85].

Da im Rahmen dieser Arbeit jedoch ein homodynes Interferometer zum Einsatz kommt, wird dieses im Folgenden etwas tiefergehend erläutert.

Ein homodynes Interferometer nutzt eine Laserquelle mit nur einer Wellenlänge. Für die Unterscheidung der Bewegungsrichtung befindet sich ein Lambda-Viertel-Plättchen im zweiten Strahlengang, das das Signal um eine Viertel Wellenlänge ($\frac{\lambda}{4}$) verschiebt, so dass sich stets mindes-

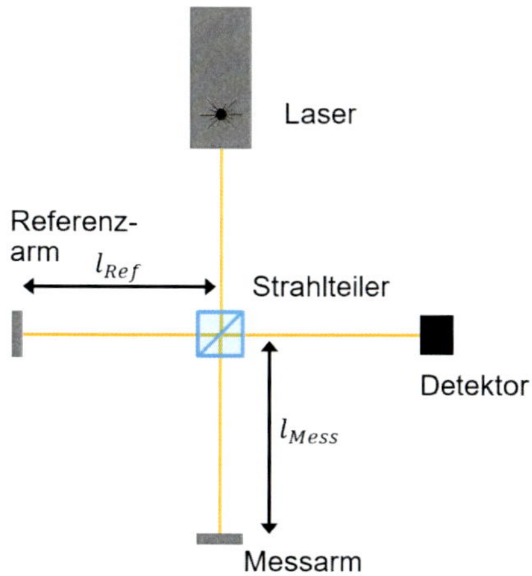

Abbildung 3.2: Schematischer Aufbau eines Laserinterferometers auf Basis eines Michelson-Interferometers. Das Messsignal am Detektor ändert sich in Abhängigkeit des Längenunterschiedes zwischen Messarm und Referenzarm $\Delta = l_{Ref} - l_{Mess}$

tens einer der beiden Strahlengänge im eindeutigen Bereich der Interferenz befindet und eine Aussage über die Bewegungsrichtung des Reflektors möglich ist.

Da die Wellenlänge des Lasers im Interferometer die Maßverkörperung für die Messung darstellt, wird jede Änderung der Wellenlänge eine direkte Auswirkung auf das Ergebnis der Messung haben. Insbesondere Temperatur und Luftdruck verändern den Brechungsindex n der Luft (ca. $n = 1.0002765$ für $\lambda = 632.8nm$), wodurch die Messung verfälscht wird. Um dem zu begegnen werden Luftdruck und Temperatur mit Sensoren im Labor erfasst und der Brechungsindex anhand einer Korrekturformel ausgeglichen. Die Abhängigkeit des Brechungsindexes der Luft, anhand welcher die Korrektur stattfindet, wird zu Beginn von Kapitel 5 näher beleuchtet.

Eine der Anforderungen des Interferometers an den Messaufbau, in dem es verwendet wird, ist die Position und der Winkel des reflektierten Strahls, dessen Längenvariation gemessen werden soll. Dieser muss die Aus- und Eintrittsöffnung des Interferometers treffen. Ist dies nicht erfüllt, so kann der Messstrahl nicht mehr zur Überlagerung mit dem Referenzarm gebracht werden und eine Messung ist nicht durchführbar, mehr dazu in Kapitel 4.3.1.

3.4 Begriffsdefinitionen

Bei der Beschreibung und Quantifizierung der Eignung des Messverfahrens wird auf einige in der Messtechnik gängige Begriffe zurückgegriffen, welche zunächst kurz definiert werden.

- Messwert: Der vom Messsystem angezeigte Wert.
- Wahrer Wert: Der wirklich vorliegende Wert, den ein perfektes, fehlerfreies Messsystem ausgeben würde.
- Messfehler: Differenz zwischen wahrem Wert und Messwert.
- Wiederholbarkeit: Spanne der Messfehler, wenn die gleiche Messung mehrfach wiederholt wird ohne Änderung der Randbedingungen.
- Unsicherheit: Spanne innerhalb welcher der wahre Wert ausgehend vom Messwert liegen kann.

Eine detaillierte Beschreibung findet sich in [BIP12] bzw. [Ne99]. Darüber hinaus werden statistischen Größen wie Mittelwert und Standardabweichung verwendet.

3.5 Ansätze zur optischen Asphärencharakterisierung

Im Folgenden werden verschiedene optische Messverfahren vorgestellt, welche nach aktuellem Stand der Technik in der Lage sind, Asphären zu prüfen. Sie bilden den Bezugsrahmen für das in dieser Arbeit entwickelte neue Messverfahren.

3.6 Tastschnittverfahren

Die taktile Messtechnik ist die klassische Prüfmethode für vielerlei industrielle Anwendungen und bereits seit Ende der 20er Jahre des 20. Jahrhunderts im Einsatz [JSWB07]. Aus diesem Grund ist sie sehr etabliert und mit einem starken Normungsstand für viele Anwendungsbereiche untermauert. Sie ist die Basistechnologie für die Geometrieprüfung und damit auch Standardtechnologie zur geometrischen Prüfung optischer Bauteile.

Bei der taktilen Messtechnik wird eine Tastspitze (häufig Rubin oder Diamant) über die zu untersuchende Oberfläche gezogen und die Auslenkung dieser Tastspitze z.B. mit Hilfe eines reflektierten Laserstrahls gemessen. Aus dem zurückgelegten Weg und der Auslenkung kann dann auf die Topographie des Prüflings zurückgeschlossen werden.

Während dieses Verfahren heutzutage weit verbreitet ist, so ist es insgesamt ein deutlich langsameres Verfahren als die optische Erfassung von Oberflächen mit Messzeiten von bis zu einigen Minuten für einen einzelnen zweidimensionalen Schnitt. Dies ist vor allem durch die Geschwindigkeit begrenzt, mit der die Tastspitze über die Probe geführt wird. Da ein mechanischer Kontakt zwischen der Probe besteht und dieser auch für eine korrekte Messung aufrechterhalten werden muss, wird die Spitze mit einer geringen Kraft, typischerweise ca. $5\,\mathrm{mN}$, auf die Probe gepresst. Dies bedeutet, dass die Probe beschädigt werden kann, zum einen durch die Wirkung der Anpresskraft selbst, oder durch die dynamischen Kräfte, welche bei der Relativbewegung über die Oberfläche entstehen, begründet durch die Trägheit bei Auslenkung der Spitze.

Zusätzlich können auch chemische Wechselwirkungen zwischen der Tastspitze und dem Probenmaterial eine Rolle spielen. So werden häufig Rubinkugeln – ein Aluminiumoxid mit Einlagerung von Spuren anderer Elemente – als Tastspitzenmaterial eingesetzt. Werden nun Aluminium-Proben damit gemessen, so kann es zu Adhäsionseffekten kommen, die das Ergebnis der Messung verfälschen und zusätzlich zu einer Beschädigung von sowohl Tastspitze als auch Prüfobjekt führen können [MK07]. Zur Reduktion der Wahrscheinlichkeit von Beschädigungen beschränkt man das taktile Verfahren in der Praxis auf Erfassungsgeschwindigkeiten im Bereich von ca. $1\,\mathrm{mm\,s^{-1}}$. Dies schließt eine Beschädigung aber nicht aus.

Ein systematischer Nachteil des taktilen Verfahrens ist die rein zweidimensionale Natur des Tastschnittes. Es wird jeweils immer nur eine Linie abgetastet. Dadurch ist der Informationsgehalt eines Tastschnittes deutlich geringer als der von flächig messenden optischen Verfahren. Da Asphären jedoch in aller Regel rotationssymmetrisch hergestellt werden, sind auch die Formfehler rotationssymmetrisch, was sie auch mit einem zweidimensionalen Tastschnitt gut auffindbar macht, wenn radial über die Linse gemessen wird.

Theoretisch ist die taktile Messtechnik geeignet um die Erfassung asphärischer Oberflächen flexibel zu leisten, da sie im Gegensatz zur Formprüfinterferometrie keine Anforderungen an die Form des zu messenden Objektes stellt. Die praktischen Nachteile, die begrenzte Geschwindigkeit und insbesondere die Gefahr der Beschädigung, sind dennoch Gründe, weshalb dieses Verfahren häufig nicht präferiert wird. Hier sind berührungslose, optische Verfahren gefragt, welche die Aufgabe der Prüfung übernehmen können. Auf sie wird im Folgenden weiter eingegangen und anschließend der Vergleich gezogen.

3.6.1 Formprüfinterferometrie mit computergenerierten Hologrammen

Die Formprüfinterferometrie basiert auf der klassischen Interferometrie und ist für die Erfassung von Regelgeometrien wie Sphären und Ebenen sehr gut geeignet. Das Verfahren ist im Wesentlichen das oben beschriebene Verfahren der Laserinterferometrie (s. Kap. 3.3) auf die Fläche aufgeweitet und vergleicht dabei die Kontur des Prüflings mit einer Referenzwellenfront, die vom Objektiv erzeugt wird. Die Einschränkung auf Regelgeometrien ergibt sich aus der Anforderung, dass das am Prüfling reflektierte Licht wieder ins Messgerät zurückgeführt werden muss. Dazu muss das Licht in etwa senkrecht auf die Prüflingsoberfläche treffen. Da das Objektiv entweder eine ebene oder sphärische Messwellenfront formt, ergibt sich dadurch die Einschränkung, dass ohne weitere Hilfsmittel nur Sphären und Ebenen geprüft werden können. Wie bei allen interferometrischen Verfahren dürfen die Gangunterschiede zwischen Prüf- und Referenzwellenfront nicht so groß sein, dass die Interferenzstreifen nicht mehr voneinander unterscheidbar sind. Schwach von einer Sphäre abweichende Konturen können daher eventuell mit Formprüfinterferometrie geprüft werden, dies trifft jedoch auf nur wenige real vorkommende Asphären zu. Häufig sind die Abweichungen von der Sphäre im Bereich mehrerer zehn bis hundert Mikrometer [Chr08] und damit zu groß für die Prüfung mit dem Verfahren der Formprüfinterferometrie.

Um dieses Messverfahren auf die Prüfung von Asphären im Allgemeinen zu adaptieren muss die Prüfwellenfront, welche durch das Objektiv des Interferometers geformt wird, auf die erwartete Kontur des Prüflings angepasst werden. Dazu wird ein zusätzliches Bauelement in den Strahlengang eingeführt, das die sphärische Prüfwellenfront an den erwarteten Verlauf der Kontur der Asphäre anpasst. Dieses zusätzliche Element ist ein computergeneriertes Hologramm (CGH). Es wird also die reale Kontur der Asphäre mit der durch das CGH erzeugten asphärischen Wellenfront verglichen. Ein solches CGH ist speziell für eine bestimmte Asphärenform gefertigt und recht teuer in der Anfertigung, wodurch sich dieses Verfahren nur wirtschaftlich einsetzen lässt, wenn eine ausreichend große Charge dieses Asphärentyps gefertigt wird, die eine Anschaffung des entsprechenden CGH rechtfertigt [WB72] [KXS+10].

3.6.2 Interferometrie mit Achsnachführung

Formprüfinterferometrie ohne den Einsatz eines CGH hat die Einschränkung, dass bei der Messung von Asphären stets nur ein kleiner Teil der Oberfläche ausreichend unterscheidbare Streifen erkennen lässt. So folgt dieser Ansatz der Interferometrie mit Achsnachführung natürlicherweise dadurch, dass jeweils durch Umpositionierung verschiedene Teile der Oberfläche in eine erfassbare Position gebracht werden. Solche Verfahren sind auch bekannt unter der Bezeichnung Subapertur-Stitching, da in diesem Ansatz jeweils ein kleiner Teil der Oberfläche erfasst wird und diese Einzelstücke dann nach der Messung mit Hilfe eines Stitching-Algorithmus zu einem Gesamtdatensatz zusammengeführt werden [MFF+06]. Neben dem erhöhten zeitlichen Aufwand durch viele Einzelmessungen und der damit verbundenen kinematischen Bewegung sind insbesondere die Stitching-Ergebnisse bei glatten Oberflächen, wie sie in der Optik vorherrschen, schwierig, da keine Strukturen existieren, an welchen sich der Stitching-Algorithmus orientieren kann. Die Positionsunsicherheit der Achsen reicht in der Regel nicht aus um das Zusammensetzen der Daten anhand der Positionsdaten der Achsen so durchzuführen, dass die Anforderungen an die laterale Unsicherheit erfüllt werden. Daher muss auf sehr präzise Positionsmesstechnik zurückgegriffen werden, um die Position und Verkippung des Werkstücks zu erfassen, was in der Regel ebenfalls durch (Laserabstands-)Interferometrie geschieht. Dies hat komplexere optische Aufbauten zur Folge, die folglich entsprechend teuer ausfallen. Ein Beispiel für diesen Ansatz ist ein Messsystem, welches mit Hilfe eines Mehrwellenlängeninterferometers die Positionsmessung und Oberflächenabtastung leistet [BP14].

3.6.3 Tilted-Wave Interferometrie

Ein weiterer Ansatz zur Adaptierung klassischer Formprüfinterferometrie für die Messung von Asphären ist die Tilted-Wave Interferometrie. Bei dieser wird, ähnlich zur klassischen Interferometrie, die Oberfläche des Prüflings mit einer Prüfwellenfront beleuchtet und mit einer Referenz vermessen. Allerdings geschieht dies durch mehrfache optische Aufteilung der Prüfwellenfront in verschiedene Betrachtungsrichtungen, so dass in kurzer Zeit mehrere Messungen unter leicht variierenden Winkeln durchgeführt werden. So kann sichergestellt werden, dass ein Bereich sich stets zumindest in einem Teil der Messung in einer Konfiguration befindet, in dem die Interferenzstreifen sichtbar und auswertbar sind. Auch hier müssen die Teilmessungen im Nachgang zusammengesetzt werden, allerdings entfällt die mechanische Bewegung, so dass dadurch mögliche Fehlerquellen ausgeschlossen werden. Allerdings sind solche Aufbauten, analog zu den Ansätzen mit Achsnachführung, komplex und daher teuer. [Chr08]

3.6.4 Deflektometrie

Deflektometrie orientiert sich an der natürlichen Herangehensweise, mit der ein Mensch häufig instinktiv spiegelnde Oberflächen prüft. Dabei wird die spiegelnde Oberfläche in flachem Winkel betrachtet und die Verzerrung des an ihr reflektierten Bildes beobachtet. Bei Dellen, Beulen oder Wellen in der Oberfläche können diese sehr leicht erkannt werden. Grund dafür ist, dass die erfasste Messgröße bei der Deflektometrie die Oberflächenneigung und nicht die Topographie ist. Die Topographie weist häufig sehr kleine Änderungen im Bereich weniger Mikrometer auf, die für das menschliche Auge nicht erkennbar sind. Die Oberflächenneigung, die erste Ableitung der Topographie, ist die bestimmende Größe für das Reflexionsgesetz und verstärkt den Einfluss der Oberflächenabneigung, so dass eine Abweichung von wenigen Mikrometern in einer detektierbaren Abweichung im Bereich einiger Millimeter resultieren kann.

Die Deflektometrie verwendet dieses Prinzip mit Hilfe einer Kamera und einem Leuchtschirm (heutzutage meist ein LCD-Bildschirm), auf welchem Muster mit bekannten Eigenschaften projiziert werden können. Dieses Muster ist in der Regel ein Sinusstreifenmuster. Der Vorteil dieser Methode ist die sehr sensitive Erfassung der Neigung, die in den meisten Fällen für die optische Funktion einer Oberfläche entscheidend ist.

Eine Einschränkung ergibt sich aus der Größe des verwendeten Schirms. Dessen Reflexion muss stets mit der Kamera beobachtbar sein, wodurch die maximal erfassbare Flankensteilheit ebenfalls eingeschränkt ist. Damit sind die möglichen Öffnungsverhältnisse der zu untersuchenden Optiken ebenfalls begrenzt. Durch die häufig großen Gesichtsfelder ergibt sich außerdem eine relativ grobe laterale Auflösung im Bereich von $20\,\mu m$ bis $100\,\mu m$. Analog zu der in Kapitel 1 betrachteten Aufteilung in Form, Welligkeit und Rauheit, ist die Auflösung für die Betrachtung von Form und Welligkeit bei der Anwendung auf spiegelnde, optische Oberflächen ausreichend [Kam08] [Kam05] [Kna06].

3.6.5 Wellenfrontmesstechnik

Wellenfrontmesstechnik kann im Gegensatz zu den bisher vorgestellten Verfahren nicht nur die Wirkung der Oberfläche bzw. der Topographie auf das Licht untersuchen, sondern auch die Wirkung einer Linse auf das sie durchlaufende Licht. Die untersuchte Größe ist dabei die lokale Verzerrung der Prüf-Wellenfront, die den Prüfling entweder durchläuft oder an ihm reflektiert wird. Klassischerweise wird dies mit einem Shack-Hartmann-Sensor durchgeführt, der mit Hilfe eines Mikrolinsen-Arrays die Prüf-Wellenfront an vielen Punkten bündelt. Die Auslenkung dieser Foki aus der Referenzlage, wie sie bei ebener einfallender Wellenfront auftritt, gibt direkten Rückschluss auf die lokale Wellenfront-Neigung. Durch Integration kann daraus die Kontur der Wellenfront errechnet werden. [NCN02]

Ein Vorteil dieses Verfahrens ist die Möglichkeit zur Untersuchung der optischen Funktion eines Bauteils, die mit den meisten anderen Verfahren nicht möglich ist, da diese nur stets die Topographie der Oberfläche erfassen können. Eine Aussage über lokale Brechungsindex-Schwankungen im Bauteil, die die optische Funktion beeinträchtigen würden, ist nur mit Hilfe der Wellenfrontmesstechnik möglich.

Ein entscheidender Nachteil der Wellenfrontmesstechnik ist die geringe räumliche Auslösung, die durch die Größe des Mikrolinsen-Arrays begrenzt ist, wobei die Anzahl der Mikrolinsen identisch mit der Anzahl der abgetasteten Punkte ist. Typischerweise sind dies 150×150 Punkte bzw. Mikrolinsen. Darüber hinaus begrenzt der Bereich, der jedem Bildpunkt auf dem Detektor zur Verfügung steht, die messbare Flankensteilheit, weil bei Übertreten der Grenze keine eindeutige Zuordnung der Foki zu einer Mikrolinse mehr möglich ist. Diesem kann mit intelligenten Algorithmen zum Teil begegnet werden, schränkt insgesamt aber die maximal messbare Flankensteilheit der Optik ein [RT02] [GSGW01] [Stü14].

3.6.6 Vergleich der Verfahren

Nachdem oben die relevanten Verfahren vorgestellt wurden und ihre Funktionsweise kurz erläutert wurde, erfolgt eine Bewertung und Gegenüberstellung der Verfahren unter den Gesichtspunkten Messzeit, Preis, Messunsicherheit und Flexibilität und der Eignung dieser Verfahren für das beschriebene Ziel der Asphärenprüfung. Tabelle 3.1 zeigt eine Zusammenfassung der Verfahren mit der Bewertung des Autors.

	Messzeit	Preis	Messunsicherheit	mögl. Geometrien	Flexibilität
Taktile Messung	-	+	+	Freiform	+
Formprüfinterf.	+	0	+	Sphäre, Ebene	-
Formprüfinterf. mit CGH	+	-	+	Asph., leichte Freiform	-
Interf. mit Nachführung	0	-	0	Freiform	+
Tilted-Wave Interf.	+	-	+	Asph., leichte Freiform	0
Deflektometrie	0	0	0	Freiform	0
Wellenfrontmesstechnik	+	+	0	Freiform	0

Tabelle 3.1: Vergleich der vorgestellten Verfahren für die Prüfung von Asphären, $+$: positiv bewertet, 0: durchschnittlich bewertet, $-$: negativ bewertet. Messbarkeit von Freiform schließt dabei die Messbarkeit von Sphären und Asphären mit ein.

Der Vergleich zeigt, dass taktile Verfahren insgesamt gute Ergebnisse liefern können, jedoch sehr langsam messen und die Gefahr von Beschädigung mit sich bringen. Die verschiedenen interferometrischen Verfahren können mitunter komplexe Geometrien gut erfassen und teilweise auch flexibel für verschiedene Geometrien eingesetzt werden, sind aber in der Regel recht teuer. Zuletzt verfügen die weiteren optischen Ansätze wie Deflektometrie oder Wellenfrontmesstechnik zwar über eine gewissen Flexibilität, dafür erbringen sie aber im Bereich der (lateralen) Auflösung und Messunsicherheit schlechtere Ergebnisse.

3.7 Zwischenfazit

Die taktile Messtechnik liegt in den Bereichen Flexibilität und Kosten im Vergleich zu den optischen Verfahren vorn, während die optischen Verfahren eindeutig schneller und teilweise ähnlich flexibel sind. Eine Messung von Form und Welligkeit ist notwendig um die Fertigungsbegleitung, wie in Kapitel 2 vorgestellt, leisten zu können. Die nötige Messunsicherheit können alle Verfahren bedienen, wobei einige etwas besser abschneiden als andere.

Aus der Tabelle 3.1 im vorigen Unterkapitel und den ober erfolgten Ausführungen ist ersichtlich, dass keines der vorgestellten Verfahren für die Asphärenprüfung sowohl wirtschaftlich realisierbar ist als auch eine hohe Flexibilität mit sich bringt. Insbesondere die Kosten eines geeigneten Messsystems, welche sich typischerweise auf jenseits der 130.000 Euro bewegen, bzw. der notwendigen Hilfsmittel wie etwa Computergenerierter Hologramme bei der Interferometrie stellen ein Hindernis für den wirtschaftlichen Einsatz dar. Es existiert also ein Bedarf nach einem Verfahren, welches die genannten Anforderungen adressiert.

Geschwindigkeit mit Flexibilität bei geringen Kosten in Einklang zu bringen, ist mit dem aktuellen Stand der Technik eine Kombination, die sich noch nicht abdecken lässt. Das in Kapitel 4 vorgestellte Verfahren zeigt ein flexibles und zugleich wirtschaftliches Verfahren auf, mit welchem Asphären gemessen werden können.

Kapitel 4

Konzept eines flexiblen Messsystems für die Asphärenmessung

Nach der Erarbeitung der Grundlagen und des Bezugsrahmens werden in diesem Kapitel die Anforderungen an ein neues Messverfahren abgeleitet und das Konzept des neuen Messverfahrens vorgestellt.

4.1 Anforderungen an den Messaufbau

In Kapitel 3 wurden die existierenden Verfahren für die Asphärenvermessung vorgestellt und miteinander verglichen. Aus dieser Gegenüberstellung lässt sich ableiten, dass ein Bedarf nach einer Messtechnik besteht, welche das existierende Portfolio ergänzt. Der in dieser Arbeit dargelegte Ansatz hat, den Ausführungen in Kapitel 1.1 folgend, die Messung von Form und Welligkeit im Fokus. Die angestrebten Randbedingungen sind eine hohe Messgeschwindigkeit und Flexibilität für verschiedene Asphärentypen. Dabei muss der Aufbau möglichst kostengünstig gehalten werden und mit Standardkomponenten realisierbar sein. Die Anforderungen, die der Aufbau zu erfüllen hat um den Stand der Technik sinnvoll zu ergänzen, lassen sich wie folgt zusammenfassen:

- Messung von Form und Welligkeit
- Messzeit unter $10\,\mathrm{min}$
- Flexibilität, verschiedene Asphärentypen müssen messbar sein

- Anschaffungskosten unter 90.000 Euro
- Messunsicherheit, kleiner ca. 1 µm muss erreichbar sein

Das Messsystem soll als Offline-System funktionieren, d.h. als alleinstehendes System, welches separat mit Prüflingen bestückt wird und diese dann wie in den Kapiteln 2.3 und 2.4 prüft um die Fertigung zu unterstützen. Da es sich um ein Offline-Messsystem handelt, welches nicht simultan zu einem Produktionsprozess arbeitet, gibt es keine harte Anforderung an die Messgeschwindigkeit. Bereits groben Abschätzungen folgend bezüglich Messfrequenz des Interferometers bzw. Operationsgeschwindigkeit der übrigen Hardware – maximal 1 MHz bzw. 10 kHz – lässt sich die Aussage ableiten, dass eine Messung im Bereich weniger Sekunden bis maximal ein oder zwei Minuten liegen wird. In der Praxis wird dies im Vergleich zum notwendigen Handhabungsaufwand des Prüflings, Einrichtung der Messung und begleitender Tätigkeiten eine eher untergeordnete Rolle spielen. Hierauf wird in Kapitel 4.3.1 detaillierter eingegangen.

Für die Erreichung der Flexibilität wird ein selbstzentrierendes Halterungssystem verwendet, dessen Positionierung an den Linsentyp angepasst werden kann. Dieses wird in Kapitel 4.3.4 näher betrachtet.

Mit Ausnahme des ellipsoiden Spiegels, auf dessen Auswahl und Charakteristika in Kapitel 4.2.1 bzw. 4.3.3 weiter eingegangen wird, sind alle verwendeten Komponenten industriell verfügbare Standardkomponenten (siehe Kapitel 4.3.1 4.3.2, 4.3.5 und 4.3.6).

4.2 Gesamtkonzept

Grundlage des Aufbaus ist ein Ellipsoid. Grundeigenschaft eines Ellipsoids ist, dass jeder Lichtstrahl, der von einem der beiden Fokuspunkte ausgeht und am Ellipsoid reflektiert wird, in den anderen Fokuspunkt des Ellipsoids läuft. Diese Eigenschaft ist von entscheidender Bedeutung für den Aufbau.

In einem Fokuspunkt des Ellipsoids wird die zu untersuchende Linse platziert (in einem selbstzentrierenden Linsenhalter). In dem anderen Fokuspunkt wird ein Kippspiegel platziert. Der Pivotpunkt dieses Kippspiegels, also der Punkt, um den die Verkippung stattfindet, wird mit dem Laserstrahl des Laserinterferometers angestrahlt. Durch die Ellipseneigenschaft wird der Laserstrahl in Abhängigkeit der Spiegelstellung in den anderen Fokuspunkt der Ellipse reflektiert. Ist die Linse, die sich im zweiten Fokuspunkt befindet, eine Sphäre, so trifft der Lichtstrahl senkrecht

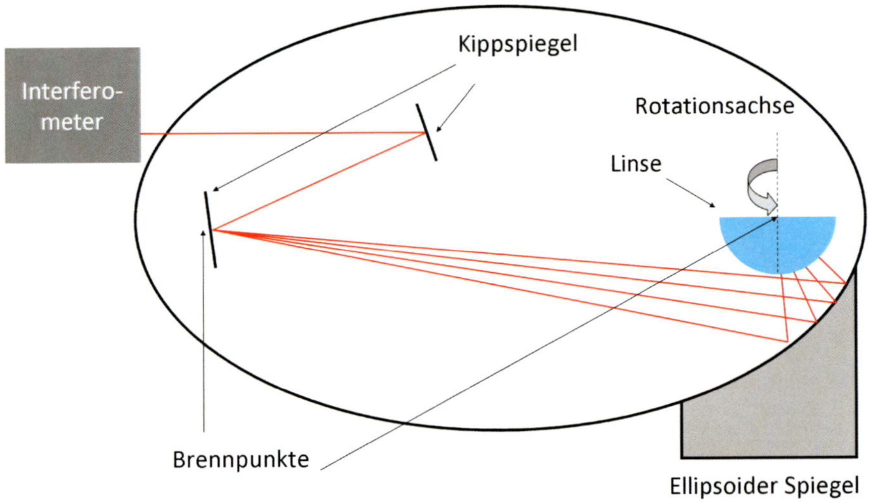

Abbildung 4.1: Zweidimensionales Aufbauschema des Prüfstandes mit exemplarischen Strahlwegen in rot eingezeichnet. Die zugrunde liegende Ellipse ist vollständig eingezeichnet, im Aufbau selbst nur als Teilspiegel (Abschnitt unten rechts) ausgeführt.

auf die Oberfläche derselben und wird daher auf dem selben Wege zurückreflektiert, auf dem der Laserstrahl zu Linse lief. Damit ist der Lichtweg in beide Richtungen identisch und fällt zurück in das Laserinterferometer, was die Messung einer Weglängenänderung ermöglicht. Wichtig dafür ist, dass der Mittelpunkt der Sphäre im Fokuspunkt des Ellipsoids liegt. Damit ist jeder auftreffende Lichtstrahl auf der Linse automatisch senkrecht zur Oberfläche und wird im rechten Winkel ohne Richtungsänderung reflektiert. Ist der Prüfling im zweiten Fokuspunkt nicht exakt sphärisch, so wird diese Reflexionsbedingung verletzt und eine Ablenkung des reflektierten Strahls ist die Folge. Die Maßnahme zur Korrektur dieses Umstandes besteht darin, einen zweiten Spiegel in den Strahlengang zu bringen, der ergänzend zum ersten Spiegel eine leichte Dislokation des Reflexionspunktes auf dem Spiegel im ersten Fokus vornimmt. Dies hat zur Folge, dass der Auftreffwinkel auf den Prüfling nicht mehr entlang der radialen Richtung zum Fokus erfolgt, sondern leicht verkippt dazu. Die genaue Art und Weise der Ablenkung ist dabei entscheidend durch das Zusammenspiel der beiden Kippspiegel und dem ellipsoiden Spiegelsegment geprägt.

Mit Hilfe dieser Erweiterung können Strahlen senkrecht auf Oberflächen treffen, die nicht exakt sphärisch sind, aber einer Sphäre ähnlich sind. Wird die Abweichung von einer Sphäre zu groß,

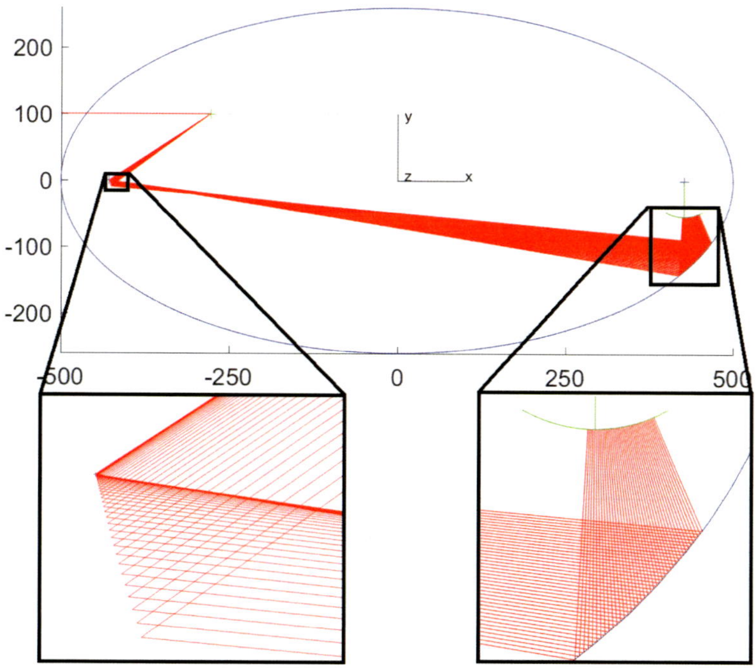

Abbildung 4.2: Schemadarstellung möglicher Strahlverläufe für die Abtastung einer asphärischen Oberfläche mit Detaildarstellungen der Strahlen am Kippspiegel im Fokus des Ellipsoids sowie am ellipsoiden Spiegel

so kann der notwendige Kipp- und Reflexionsbereich auf den beiden Kippspiegeln sehr groß (größer als $20\,\mathrm{mm}$) werden. Der Spiegeldurchmesser liegt bei maximal $25{,}4\,\mathrm{mm}$, so dass er in einer praktischen Umsetzung des Konzeptes nicht realisierbar ist. Dieser Umstand wird in den Kapiteln 4.2.1 und 4.3.2 näher betrachtet. Zur Veranschaulichung ist eine Auswahl an möglichen Strahlverläufen in Abbildung 4.2 mit zwei Detailvergrößerungen gezeigt, die die verschiedenen Auftreffpunkte auf den Spiegel im Fokus des Ellipsoids zeigen.

Eine solche, sphären-nahe Form ist genau eine Asphäre, so dass ein solcher Aufbau in der Lage ist, die beschriebenen Strahlgeometrien auf asphärischen Oberflächen abzubilden.

Für den generellen Aufbau wird mit Hilfe der Strahlverfolgungssimulation in MATLAB eine Übersicht erstellt, welche Komponenten an welchem Ort befindlich sein müssen und dies im Labor entsprechend aufgebaut.

Die Achsen werden für die weitere Beschreibung in dieser Arbeit wie in Abbildung 4.2 eingezeichnet definiert. Die x-Achse ist die Achse, in die das Interferometer seinen Laserstrahl aussendet, die y-Achse ist die dazu senkrechte Achse in der Ebene des Aufbaus, die z-Achse steht senkrecht zur Ebene des Aufbaus. Zusammen bilden die Koordinatenachsen so eine rechtshändige, orthonormale Basis für die Beschreibung des Messsystems.

4.2.1 Auswahl der Ellipse

Für die Auswahl der Ellipsenparameter muss zunächst der Einfluss der Geometrie auf die potentielle Messbarkeit der Asphären betrachtet werden. Generell sollte die Ellipse möglichst klein sein, da dadurch der optische Weg und damit externe Fehlereinflüsse (siehe Kapitel 3.3) reduziert werden. Hier muss ebenfalls der maximal nutzbare Messbereichs des Interferometers beachtet werden. Die maximal messbare Wegstrecke zwischen Interferometer und Reflektor, in diesem Fall der Prüfling, ist auf ca. $2\,\mathrm{m}$ begrenzt und ergibt somit bei eine Obergrenze von $1000\,\mathrm{mm}$ für die große Halbachse des Interferometers. Des Weiteren muss die Ellipse groß genug sein, damit die Komponenten, die in den Fokuspunkten platziert werden müssen, genug Raum haben. Eine größere Exzentrizität gewährleistet eine größere Verstärkung der Winkelauslenkung der Spiegel, da die Winkelauslenkung physisch auf 6° begrenzt ist und für die Erfassung der zu prüfenden Linse ein größerer Winkelbereich von bis zu ca. 60° notwendig ist. Gleichzeitig führt eine zu große Exzentrizität zu Abschattungseffekten eines Teils der zu prüfenden Oberfläche, da einfallende Strahlen den Prüfling treffen, bevor sie an der Ellipse reflektiert werden.

Das Ellipsoidendesign befindet sich damit in einem Spannungsfeld, in dem kein klares Optimum existiert, da für jede Designrichtung klare Vor- und Nachteile existieren. Dies ist anschaulich in Abbildung 4.3 illustriert.

Eine Simulation des Aufbaus zeigt das Verhalten für zwei beispielhafte Asphären, wie es in Abbildungen 4.4 und 4.5 dargestellt ist. Aufgetragen ist die Messbarkeit der Linse bei verschiedenen Anordnungen. Die Messbarkeit ist dabei definiert als der maximale erfassbare Bereich der Apertur der Linse und weist somit Werte zwischen 0 und 1 auf. Ein Wert von 0 bedeutet dabei, dass die Linse gar nicht gemessen werden kann, ein Wert von 1 bedeutet den optimalen Fall der vollständigen Erfassbarkeit der Linse mit diesen Ellipsenparametern.

Aus der Abbildung ist zunächst ersichtlich, dass es einen Bereich von Kombinationen aus langer und kurzer Halbachse gibt, die nicht umsetzbar sind. Ist der Aufbau zu wenig exzentrisch, nä-

Abbildung 4.3: Einflüsse auf die Designentscheidung bei der Wahl einer Ellipse bezüglich Größe und Exzentrizität. Eine höhere Exzentrizität ermöglicht eine höhere Winkelvergrößerung, sorgt aber unter Umständen für Abschattungseffekte. Ein kleinerer Ellipsoid minimiert die Messstrecke und damit mögliche externe Fehlereinflüsse, beschränkt aber die maximale Prüflingsgröße.

hert er sich also einem Kreis an, so ergeben sich zum einen Positionierungskonflikte, die in der physischen Ausdehnung der Komponenten begründet sind. So überlappt der Kippspiegel, der im linken Fokuspunkt positioniert wird, mit dem Prüfling bei zu geringen Exzentrizitäten. Zum anderen kann ab einer bestimmten Grenze der Spiegel nicht mehr die Auslenkungen leisten, die für eine Erfassung und Weiterleitung des von der Asphäre reflektierten Lichtes notwendig ist. Eine längere große Halbachse sorgt für einen größeren maximalen Messbereich, ebenso eine kleine Halbachse, die möglichst groß ist, ohne in den nicht-zulässigen Bereich durch die Gesamtlängenbeschränkung des Interferometers zu kommen (siehe auch Kap. 4.3.1). Gleichzeitig muss aufgrund der Abschattungseffekte für längere große Halbachsen auch eine längere kleine Halbachse gewählt werden, da sonst eine Erfassung des Prüflings nicht ausreichend möglich ist.

Durch Abwägung dieser Einflüsse fällt die Wahl final auf eine Verteilung von großer Halbachse $a = 500\,\mathrm{mm}$ und kleiner Halbachse $b = 260\,\mathrm{mm}$.

Mit dieser Anordnung ist eine ausreichende Erfassung relevanter Asphärengeometrien möglich, während gleichzeitig die Maximalbegrenzung der Messlänge für das Interferometer nicht überschritten wird.

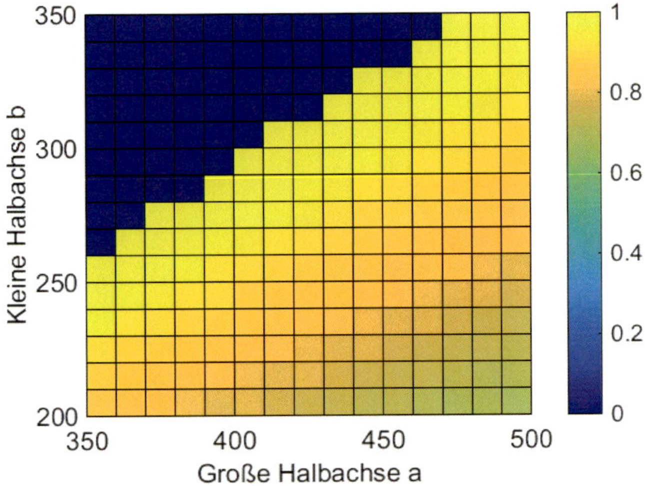

Abbildung 4.4: Messbarkeit (Definition siehe Kap. 4.3.3) der Asphäre HLEM1 mit verschiedenen Geometrien. Dargestellt ist der maximal messbare Anteil des Radius der Asphäre für verschiedene Halbachsen der Ellipse.

4.3 Komponenten

Im Folgenden wird die Auswahl der einzelnen Komponenten erläutert und begründet. Grundlage für die Auswahl der Komponenten stellt zum einen die numerische Simulation des Aufbaus dar, zum anderen die technischen Spezifikationen der einzelnen Komponenten. Das Ziel ist dabei eine Auswahl derart, dass die notwendigen technischen Anforderungen erfüllt werden, vor dem Hintergrund der Wirtschaftlichkeit die gewählte Komponente jedoch so günstig wie möglich ist.

4.3.1 Laserinterferometer

Als Laserinterferometer kommt ein SIOS SP2000 zum Einsatz. Dieses ist ein auf einem Helium-Neon-Laser (He-Ne-Laser) basierendes Homodyn-Interferometer. Dessen Funktionsweise ist in Kapitel 3.3 beschrieben. Ein besonderes Merkmal ist die Frequenzstabilität des He-Ne-Lasers, der die Frequenz nach einer etwa 10- bis 20- minütigen Aufwärmphase mit einer Unsicherheit von $\leq 2 \cdot 10^{\ 8}$ stabil hält. Diese Frequenzstabilität sorgt zum einen für eine Minimierung der transienten Drift, zum anderen aber auch für eine konstante Kohärenzlänge, die den maximalen

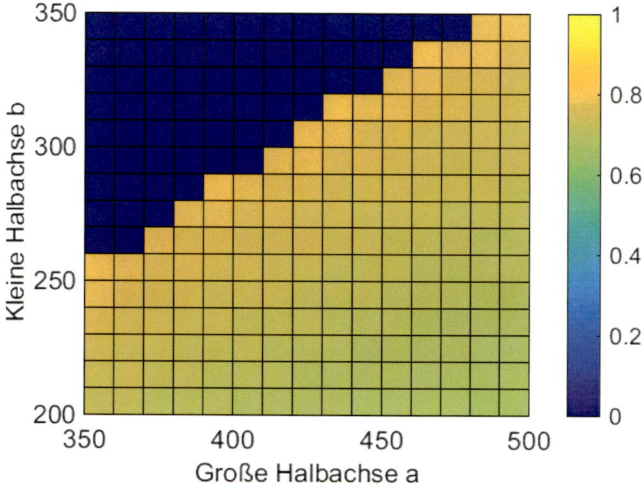

Abbildung 4.5: Messbarkeit (Definition siehe Kap. 4.2.1) der Asphäre HLEM2 mit verschiedenen Geometrien. Dargestellt ist der maximal messbare Anteil des Radius der Asphäre für verschiedene Halbachsen der Ellipse.

Messbereich des Systems definiert. Im vorliegenden Fall ist der Bereich für eine zuverlässige Messung auf ca. 2 m begrenzt.

Das Interferometer kann über eine USB-Schnittstelle angesteuert werden und verfügt darüber hinaus über einen Triggereingang, der für die Synchronisation zwischen Messung und Spiegelsteuerung genutzt wird. Eine Schnittstelle zu MATLAB ermöglicht die direkte Ansteuerung des Interferometers aus der selben Umgebung heraus, in der auch das Raytracing durchgeführt wird.

Das Interferometer verfügt über zwei unterschiedliche Modi, mit denen die Messdaten aufgenommen werden können. Die ist bedingt durch die USB-Schnittstelle zwischen dem Steuermodul des Interferometers und dem Steuercomputer. Diese Schnittstelle verfügt nur über eine begrenzte Bandbreite, die für die Übertragung der Messwerte genutzt werden muss. Aufgrund der hohen Messfrequenz von bis zu 1 MHz reicht diese Bandbreite nicht aus für die Übertragung der Daten in Echtzeit. Daher müssen für hohe Messfrequenzen die Werte zwischengespeichert werden. Dazu verfügt das Interferometer über einen Zwischenspeicher, mit dem die Aufnahme von bis zu 32000 Werten möglich ist. Diese Werte werden nach der Messung über die USB-Schnittstelle an den Steuerungscomputer übertragen. Dieser Modus wird mit „fast mode“

bezeichnet. Ist die Messfrequenz langsam genug, so können die Werte in Echtzeit übertragen werden und eine kontinuierliche Messung ist möglich. Dieser Modus wird „slow mode“ genannt.

Der Unterschied zwischen den beiden Modi ist in der Praxis enorm, der „slow mode“ führt Messungen mit einer Geschwindigkeit von etwa 15 Hz aus, während der „fast mode“ Messungen mit bis zu 1 MHz ermöglicht. Zur Findung des für die Messung besser geeigneten Modus werden die beiden Modi verglichen und bewertet. Der Hauptunterschied ist die zeitliche Differenz zwischen zwei Messungen aufgrund der Messfrequenz. Dies hat zwei Haupteffekte zur Folge, die sich auf die Messung auswirken. Bei langsamer Messung erhöht sich die zeitliche Drift der Messwerte, was die Messung verfälscht. Im Gegenzug ist eine Mittelwertbildung möglich, die bis zu 128 Werte aufnimmt und anschließend das zeitliche Mittel dieser Werte ausgibt. Der „fast mode“ hingegen verhindert die Möglichkeit der Mittelwertbildung im Interferometer, was das Rauschen des Messwertes erhöht. Dafür ist die zeitliche Drift deutlich reduziert.

Ein Vergleich der beiden Modi ist in Abbildung 4.6 gezeigt.

Wie aus der Abbildung ersichtlich ist, weist der „slow mode“ eine erhebliche zeitliche Drift auf, die deutlich größer ist als das Messwertrauschen des „fast mode“, welches durch die fehlende Mittelwertbildung größer ausfällt als jene im „slow mode“. Im gezeigten Beispiel liegt die Standardabweichung der Punkt-zu-Punkt-Abweichung im „fast mode“ bei 6,95 nm im Vergleich zu 1,90 nm im „slow mode“. Die Maximalabweichung zwischen höchstem und niedrigsten Punkt beträgt 51,33 nm im „fast mode“ gegenüber 117,60 nm im „slow mode“. Für eine Minimierung des maximalen Fehlers während der Messung ist der „fast mode“ folglich günstiger. Zusätzlich nimmt die Messung im „fast mode“ nur etwa ein Hundertstel der Zeit in Anspruch, so dass die Wahl des Modus für die Messungen in diesem Messsystemaufbau auf den „fast mode“ fällt.

Nachdem die Wahl des Messmodus „fast mode“ feststeht, muss evaluiert werden, welche Frequenz für die Messungen in diesem Modus gewählt wird. Zur Auswahl der exakten Messfrequenz werden Messreihen in einem Aufbau ähnlich dem finalen Setup mit unterschiedlichen Messfrequenzen aufgenommen. Exemplarische Ergebnisse sind in Abbildung 4.7 gezeigt. Hier wird zum einen ersichtlich, dass die Messung mit vorhandenen Kippspiegeln deutlich stärkere Drift aufzeigt, als noch im kippspiegelfreien Aufbau. Zum anderen zeigt sich, dass bei Messungen bis zu einer Frequenz von ca. 100 kHz die Messungen im Bereich gleicher Drift bleiben, für höhere Frequenzen jedoch die Drift um etwa einen Faktor zwei zunimmt. Dies kann auf die Nachstellgeschwindigkeit der Kippspiegel zurückgeführt werden, die in diesem schnellen Frequenzbereich zu langsam sind um schnell genug die geforderten Spiegelpositionen einzunehmen.

Zusätzlich ist zu beachten, dass für eine interferometrische Messung der ausgesandte Laser-

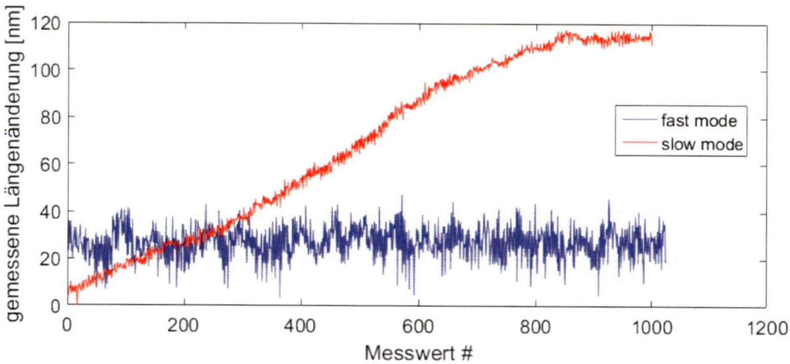

Abbildung 4.6: Vergleich des „fast mode“ und „slow mode“ des Interferometers bei einer Messung einer konstanten Länge im Hinblick auf die Messwertunsicherheit und die zeitliche Drift der Messwerte. Blaue Kurve: Messung im „fast mode“ mit $10\,\mathrm{kHz}$, rote Kurve: Messung im „slow mode“ mit $100\,\mathrm{Hz}$, jeweils ca. 1000 Messpunkte. Aufnahmezeitraum im „fast mode“ ist damit $0{,}1\,\mathrm{s}$, im „slow mode“ $10\,\mathrm{s}$ Der „fast mode“ weist eine deutlich höhere Punkt-zu-Punkt-Streuung auf, während der „slow mode“ eine starke zeitliche Drift aufweist, die die Amplitude der maximalen Punkt-zu-Punkt-Abweichung des „fast mode“ überschreitet.

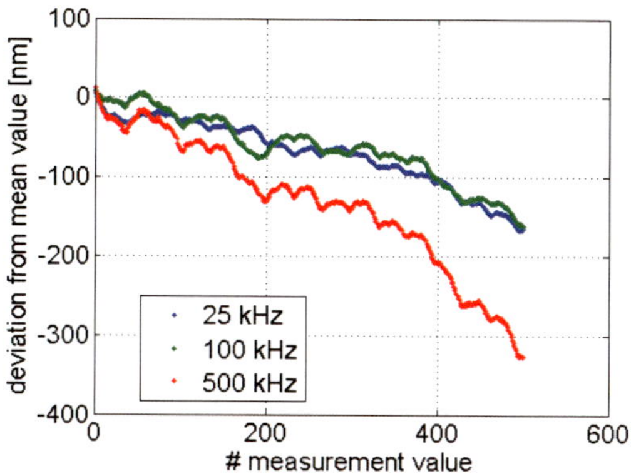

Abbildung 4.7: Vergleich der Drift der Messergebnisse mit verschiedenen Messfrequenzen

strahl ins Interferometer zurückfallen muss, damit das Interferogramm nach 3.3 ausgewertet werden kann. Dazu existiert ein Korridor von seitlichem Versatz und Winkelfehlstellung des rückkehrenden Lichtstrahls, innerhalb dessen die interferometrische Auswertung noch erfolgen kann. Dieser liegt beim verwendeten Interferometer bei einer Winkelabweichung kleiner 4 Bogenminuten bzw. $1{,}2\,\mathrm{mrad}$ und einem seitlichen Versatz kleiner $1\,\mathrm{mm}$ [Gmb11].

4.3.2 Kippspiegel

Für den Aufbau werden zwei Kippspiegel genutzt, für welche jeweils leicht unterschiedliche Anforderungen bestehen. Der Kippspiegel, der vom Laserlicht des Interferometers zuerst getroffen wird, kann sehr klein sein, da idealerweise bei ihm der Auftreffpunkt des Lichtes auf den Spiegel selbst stets der gleiche Punkt ist. Ein Durchmesser von $5\,\mathrm{mm}$ ist ausreichend. Voraussetzung hierfür ist, dass der Pivotpunkt des Spiegels in der Mitte der Spiegeloberfläche liegt. Dies ist bei beiden verwendeten Spiegeln, wie im Nachfolgenden beschrieben, der Fall. Aufgrund dieser nur geringen benötigten Spiegelfläche bietet sich ein Piezo-getriebenes Modell an, das eine deutlich kleinere aktive Fläche aufweist und auch nur kleinere Stellwinkel erlaubt. Dafür ist durch den Piezo-Antrieb eine kleine Positionierunsicherheit und eine schnelle Positionierung gewährleistet. Das verwendete Modell hier ist ein S-334 von *PI Physik Instrumente*.

Für den Spiegel, welcher sich im linken Fokuspunkt der Ellipse befindet, muss ein Modell mit größerem Durchmesser verwendet werden, da die an ihm einfallenden Strahlen bei typischen Messungen leicht eine Positionsvariation von bis zu $20\,\mathrm{mm}$ erreichen können. Zusätzlich wird in diesem Punkt ein möglichst großer Kippwinkel gewünscht, da dieser die Anforderungen an die Exzentrizität, wie in Kapitel 4.2.1 beschrieben, senkt und im Design größere Freiheit erlaubt.

Aufgrund der großen zur Verfügung stehenden Spiegelfläche (Durchmesser $25{,}4\,\mathrm{mm}$) und größerer möglicher Kippwinkel (Ablenkungswinkel 6°) wird ein Modell mit Tauchspulenantrieb gewählt. Hier wird ein FSM-300 von *Newport Corporation* verwendet.

Die Ansteuerung der Spiegel erfolgt jeweils über eine eigene Treibereinheit, die mit analogen Steuersignalen versorgt werden kann. Für den Tauchspulenspiegel FSM-300 liegen diese Steuersignale im Bereich von $-10\,\mathrm{V}$ bis $10\,\mathrm{V}$ und entsprechen etwa einer Kippung von -6° bis 6° . Die Treibereinheit des Piezospiegels S-334 empfängt Steuersignale von $0\,\mathrm{V}$ bis $10\,\mathrm{V}$, was einer Spiegelkippung von -3° bis 3° entspricht. Dieser Kippvorgang kann für jeden Spiegel um jeweils beide Achsen gesteuert werden, es existieren also pro Spiegel zwei Steuersignale.

Die Zuordnungen der jeweiligen Steuerspannung zur Spiegelkippung sind lediglich grobe Angaben und müssen experimentell genau bestimmt werden um eine zuverlässige Positionierung gewährleisten zu können. Dies geschieht in einem eigenen Aufbau zur Spiegelcharakterisierung. Ein kollimierter Lichtstrahl wird auf die Spiegeloberfläche gerichtet und die Auslenkung dieses Lichtstrahls in einiger Entfernung auf einer Oberfläche mit Abstandsmarkierungen aufgenommen und zugeordnet. Die Entfernung zwischen Spiegel und Aufnahmeort sorgt gemäß dem Strahlensatz für eine Verstärkung der Auslenkung zur leichteren Detektion von Unterschieden.

4.3.3 Ellipsoider Spiegel

Die Ellipse, die das Grundkonzept des Aufbaus bildet, muss nur in einem kleinen Bereich als physischer Spiegel vorhanden sein, daher wurde ein entsprechender Spiegel als Ausschnitt des Ellipsoids bei einem Lohnfertiger in Auftrag gegeben (*LT Ultra*). Als Material wurde Aluminium gewählt, da es sowohl gut auf Form und niedrige Oberflächenrauheit (spiegelnde Oberfläche) hin bearbeitet werden kann, gleichzeitig aber eine geringere Dichte als vergleichbare Werkstoffe aufweist, damit das Gewicht des Spiegels möglichst gering bleibt.

Die Dimensionen des Spiegels werden durch die Betrachtungen aus Kapitel 4.2.1 festgemacht. Die lange Halbachse a beträgt dabei $a = 500\,\text{mm}$ und die kurze Halbachse $b = 260\,\text{mm}$. Somit beträgt die Exzentrizität ε der Ellipse $\varepsilon = 0.854$. Der ellipsoide Spiegel ist mit Abmaßen von $225\,\text{mm} \times 190\,\text{mm} \times 100\,\text{mm}$ relativ groß und ein hohes Eigengewicht bewirkt, dass der Spiegel im Aufbau schwer positionier- und justierbar ist.

Während der Aufbau theoretisch im zweidimensionalen Raum ausreichend ist, muss in der Praxis ein dreidimensionaler Aufbau vorgenommen werden. Da es hier zu Abweichungen bei der Justage von einer exakt zweidimensionalen Ebene kommen kann, wird die Ellipse in der Praxis als Ellipsoid vorgenommen, wobei die Halbachse in der dritten Raumrichtung der kurzen Halbachse entspricht, er also rotationssymmetrisch um die lange Halbachse des Aufbaus ist. Dies ermöglicht die Korrektur kleinerer Abweichungen in der dritten Raumrichtung, ohne die der Aufbau in der Praxis nicht realisierbar ist.

4.3.4 Linsenhalter

Der Prüfling muss im Aufbau austauschbar positioniert werden können, wodurch ein Linsenhalter notwendig wird. Dazu wird ein selbstzentrierender Linsenhalter der Firma Thorlabs, Modell

SCL04, ausgewählt und verbaut. Dieser kann Linsen mit Durchmessern von $4\,\text{mm}$ bis zu $75\,\text{mm}$ halten. Durch die Selbstzentrierung können unterschiedlich große Prüflinge verwendet werden, ohne die seitliche Positionierung der Rotationsachse anpassen zu müssen. Eine Korrektur der Position in y-Richtung ist notwendig – parallel zur kurzen Halbachse der Ellipse – um die Bedingung zu erfüllen, dass das Kugelzentrum der Linse im Fokus der Ellipse liegen muss. Dazu steht eine manuelle Linearachse zur Verfügung, die bei Linsenwechsel verstellt werden muss.

4.3.5 Rotationsachse

Als Rotationsachse wird eine luftgelagerte Variante der Firma *Eitzenberger* gewählt, Modell EZ 0275. Sie verfügt über einen Rundlauf $< 100\,\text{nm}$ und kann per USB angesteuert werden um die Rotation zu kontrollieren.

4.3.6 Digital-Analog-Wandlerkarte

Die für die Ansteuerung der Kippspiegel verwendete Digital-Analog-Wandlerkarte ist eine *National Instruments* NI USB 9263. Sie verfügt über vier Kanäle, wovon jeweils zwei pro Kippspiegel für die Steuerung benötigt werden. Die Ansteuerung erfolgt über einen Bereich von $\pm 10\,\text{V}$, welche die Karte mit einer Geschwindigkeit von $100\,\text{kHz}$ leisten kann. Die Spannungswerte, welche der Karte für die Ausgabe übergeben werden, müssen zusammen mit der gewünschten Frequenz vor der Ausgabe komplett in den Speicher der Karte geschrieben werden und anschließend die Ausgabe über einen Startbefehl ausgelöst werden. Die Interaktion kann durch eine mitgelieferte Software erfolgen oder über die Integration in MATLAB. Im Rahmen dieser Arbeit wird die Ansteuerung über MATLAB gewählt, da die übrige Software und Datenerfassung ebenfalls in MATLAB implementiert ist.

Ein weiterer Ausgabekanal wird für die Triggerung des Interferometers zum Start der Messung benötigt. Der Einsatz einer Wandlerkarte mit einer größeren Zahl Ausgängen wäre möglich, würde aber für eine Wandlerkarte mit den gewünschten Eigenschaften eine Erhöhung der Kosten bedeuten. Da das Ziel dieser Arbeit die Entwicklung eines möglichst günstigen Aufbaus ist (siehe Anforderungen in Kapitel 4.1), wird eine alternative Lösung realisiert. Dazu wird der Triggereingang des Interferometers an einen der Signalausgänge des Spiegels angeschlossen und dies in der Steuerung berücksichtigt, wie in Kapitel 4.5 beschrieben ist.

4.4 Numerische Steuerung

Die Ansteuerung des Aufbaus geschieht ebenso wie die Datenaufnahme und die im Rahmen der Forschungsarbeit selbst entwickelte Strahlverfolgungssimulation in MATLAB. Als Steuerungskonzept wird eine numerische Steuerung gewählt, die anhand der erwarteten Asphärenparameter Kombinationen von Spiegelpositionen ermittelt, für die die Bedingung senkrechten Einfalls auf die Prüflingsoberfläche gewährleistet ist. Das generelle Vorgehen ist dabei wie folgt:

1. Abfrage der Prüflingsparameter
2. Auswahl eines Oberflächenpunktes
3. Bestimmung der lokalen Oberflächennormale im gewählten Punkt und Erstellung eines Strahlvektors mit Ursprung im gewählten Punkt mit Richtung der Oberflächennormale. Damit ist die Bedingung für einen senkrechten Einfall erfüllt
4. Finden des Schnittpunktes des Strahls mit dem ellipsoiden Spiegel mit Berechnung des Durchstoßpunktes sowie der lokalen Oberflächenneigung der Ellipse im Durchstoßpunkt; Ableitung eines neuen Strahlvektors aus diesem Ellipsenpunkt mit Richtung des Reflexionsvektors
5. Betrachtung der Reflexion am erstem Spiegel: Suchen des Schnittpunktes mit dem ersten Spiegel im Fokus der Ellipse derart, dass die Spiegelkippung bei diesem Auftreffpunkt den Strahl in den Pivotpunkt des zweiten Spiegels weiterleitet
6. Betrachtung der Reflexion am zweiten Spiegel: Berechnung der Winkelstellung des zweiten Spiegels, die den Strahl in das Laserinterferometer spiegelt.

4.4.1 Abfrage der Prüflingsparameter

Zu Beginn der Messung müssen die Asphärenparameter bekannt sein. Deren Eingabe ist über eine Maske in der Benutzeroberfläche der Steuerungssoftware möglich oder alternativ kann eine Datei hinterlegt werden, in der diese Daten gespeichert sind.

4.4.2 Auswahl eines Oberflächenpunktes

Da es sich bei der vorgestellten Methode um ein scannendes Verfahren handelt, werden mehrere Punkte einer Oberfläche einzeln und zeitlich hintereinander erfasst. Daher wird eine Reihe von Oberflächenpunkten ausgewählt, die erfasst werden sollen, und die im Folgenden beschriebene Prozedur für jeden dieser Punkte wiederholt, so dass zum Ende ein Datensatz für jeden Oberflächenpunkt vorliegt. Diese können sequentiell hintereinander abgefahren werden um die Messung durchzuführen.

4.4.3 Bestimmung der lokalen Oberflächennormale

Die Oberfläche der Asphäre ist durch die Eingabe der Parameter im ersten Schritt und der Asphärengleichung 2.1 eindeutig beschrieben. Durch analytische Ableitung der Asphärengleichung ergibt sich die Formel für die Oberflächentangente

$$\begin{aligned}\frac{\partial h}{\partial r} &= 4\cdot a_4(x-x_0)^3+6\cdot a_6(x-x_0)^5+8\cdot a_8(x-x_0)^7+10\cdot a_{10}(x-x_0)^9+\\ &\frac{(x-x_0)^3\cdot(1+k)}{(1+\sqrt{1-((x-x_0)^2\cdot(1+k))/R^2})^2\cdot\sqrt{(1-((x-x_0)^2\cdot(1+k))/R^2)}\cdot R^3}+\\ &\frac{2\cdot(x-x_0)}{(1+\sqrt{1-((x-x_0)^2\cdot(1+k))/R^2})\cdot R}\end{aligned} \tag{4.1}$$

Diese Tangente wird lokal berechnet. Zusammen mit der Annahme, dass die betrachtete Linie für eine einzelne Teilmessung der Linse in der Mitte der Linse liegt, wird daraus die Oberflächennormale errechnet, indem eine Rotation um $\frac{\pi}{2}$ von der Oberfläche weg vorgenommen wird, im in Abb. 4.2 eingeführten Koordinatensystem bedeutet dies ein Rotation um die z-Achse. Nach der Berücksichtigung der Positionierung der Linse im dreidimensionellen Raum der Strahlverfolgungssimulation, die durch eine weitere Rotation und Translation einbezogen werden, ist damit der Ausgangsvektor bekannt.

4.4.4 Suchen des Schnittpunktes des Strahls mit dem ellipsoiden Spiegel

Die Ellipse ist ebenfalls analytisch exakt bestimmt durch die jeweiligen Halbachsen. Damit ist eine Berechnung des Schnittpunkte analytisch möglich.

4.4.5 Betrachtung der Reflexion am erstem Spiegel

Der Auftreffpunkt auf den ersten Spiegel, jener im Fokus der Ellipse, kann nicht direkt analytisch ermittelt werden, da die Position der Spiegeloberfläche und damit der Auftreffpunkt in Abhängigkeit der Spiegelkippung variieren. Hier wird gemäß des Konzeptes (siehe Kapitel 4.2) die Randbedingung gestellt, dass der reflektierte Strahl in den Pivotpunkt des zweiten Spiegels treffen soll, damit die Rückreflexion in das Laserinterferometer möglich ist. Dadurch kann ein Winkel für den ersten Spiegel gefunden werden, für den diese Bedingung erfüllt ist.

Da die Reflexion am Spiegel ein lineares Problem ist (siehe Kap. 3.2.1), wird dieses numerisch durch Iteration gelöst. Durch die Annahme eines Startwertes wird die resultierende Abweichung des Strahls vom Zielpunkt ermittelt und in den folgenden Schritten durch die Anpassung des angenommenen Spiegelwinkels die Abweichung minimiert bis der korrekte Winkel gefunden ist.

4.4.6 Betrachtung der Reflexion am zweiten Spiegel

Die Reflexion am zweiten Spiegel gestaltet sich einfacher als die am ersten. Durch die Positionierung des Strahls auf den Pivotpunkt des Spiegels durch den vorherigen Spiegel muss der Kippwinkel gefunden werden, durch den der Strahl in die Öffnung des Laserinterferometers treffen kann. Durch Anwenden des Reflexionsgesetzes (siehe Kapitel 3.2.1) kann der notwendige Spiegelwinkel gefunden werden.

4.5 Messung

Für eine ordnungsgemäße Messung ist eine Synchronisation der Datenaufnahme am Interferomter mit der Ansteuerung der Spiegel notwendig, da sonst die Zuordnung des optischen Weges zu einer bestimmten Konfiguration der Spiegel und damit des Auftreffpunktes am Prüfling nicht gewährleistet ist. Als Steuersoftware wird MATLAB verwendet. Dieses ist nicht echtzeitfähig und kann bei der Ansteuerung von Hardware Signalverzögerungen von bis zu $100\,\mathrm{ms}$ verursachen. Diese Signalverzögerung wird im Vorfeld in einer Versuchsreihe bestätigt und variiert um bis zu $50\,\mathrm{ms}$. Eine verlässliche Aussage der Programmlaufzeiten ist nicht möglich. Bei einer exemplarischen Interferometer-Messfrequenz von $10\,\mathrm{kHz}$ bedeutet dies eine Verschiebung um etwa 500 Messwerte. Dies ist nicht tragbar bei einer ungefähren Verweildauer von 30 Werten pro Position. Zur Sicherstellung der Synchronisation zwischen Ansteuerdaten auf den beweglichen

Spiegeln sowie die Datenaufnahme am Interferometer wird als Lösung der Triggereingang des Interferometers verwendet. Dieser ist an die gleiche D/A-Wandlerkarte angeschlossen, welche für die Steuerung der Kippspiegel verwendet wird. Zu Beginn einer Messung wird ein kurzer Triggerpuls von $1{,}5\,\mathrm{V}$ über die D/A-Wandlerkarte ausgegeben, welcher die Messung am Interferometer startet, welches zuvor in den Wartemodus versetzt wurde. Anschließend wird die Positionsliste der Spiegel abgefahren, so dass eine Synchronisation zwischen Steuer- und Messdaten sichergestellt ist.

Der Triggerpuls wird über den ersten Ausgabekanal der D/A-Wandlerkarte ausgegeben, an welchem ebenfalls einer der Steuerkanäle des ersten Spiegels angeschlossen ist. Dies ist notwendig, da die Wandlerkarte nur über vier Kanäle verfügt, von denen jeder Spiegel zwei benötigt (siehe Kapitel 4.3.6). Die Beschränkung auf eine D/A-Wandlerkarte mit vier Kanälen bedeutet, dass der Kippspiegel also ebenfalls dieses Triggersignal erhält, es als Steuerpuls interpretiert und die Position entsprechend ändert. Dies zieht zwei Effekte nach sich, zum einen ist der Spiegel zum Beginn der Messung an einer für die Messung falschen Position, zum anderen hat er unter Umständen eine schnelle Bewegung hinter sich, da die Position für $1{,}5\,\mathrm{V}$ nicht unbedingt nahe der Position ist, welche der Spiegel zum Beginn der Messung einnehmen soll.

Um dem entgegenzuwirken werden korrespondierend zwei Maßnahmen ergriffen. Die erste ist die Wahl des Spiegels und des Kanals, welcher für die Triggerung verwendet wird. Hier wird der erste (Piezo-)Spiegel gewählt, da er eine kleinere Schwungmasse besitzt und einer kleineren Bewegungsbereich. Darüber hinaus ist sein Regelbereich lediglich im Bereich $0\,\mathrm{V}$ bis $10\,\mathrm{V}$ angesiedelt und die Anfangsposition in Tischebene (Rotation um die z-Achse) zum Messbeginn im Bereich des rechten Anschlags, was dem Bereich nahe der $0\,\mathrm{V}$-Stellung entspricht. So wird die notwendige Verstellbewegung reduziert. Die zweite Maßnahme ist das Einfügen einer kurzen Pause zwischen Ausgabe des Triggersignals und dem Beginn der Messung. Durch eine empirische Versuchsreihe wird das Nachschwingverhalten des Spiegels nach der abrupten Verstellung untersucht und ein Wert von $50\,\mu\mathrm{s}$ ermittelt, nach dem ein Stillstand des Spiegels für den Beginn der Messung sichergestellt ist. Diese Pause wird in die Berechnung der Steuerdaten für die Spiegel mit einbezogen und die Steuerdaten entsprechend zeitlich nach hinten verschoben. Analog wird diese Pause bei der Auswertung der Daten in Abhängigkeit der Messgeschwindigkeit berücksichtigt.

4.6 Datenauswertung

Die zugrunde liegende Ellipse und die Positionierung der Komponenten führen dazu, dass im Fall idealer Positionierung und einem sphärischen Messobjekt die beobachtete Weglänge bei Variation des Abtastortes auf dem Messobjekt nicht variiert. Wie die Simulationen zur Auslegung im Vorfeld jedoch zeigten, ist eine leichte Offset-Positionierung der Komponenten wünschenswert, um den messbaren Bereich der Oberfläche zu vergrößern. Aus diesem Versatz ergibt sich eine intrinsische Weglängenabweichung des Strahlengangs bei Variation des Abtastortes.

Eine systemische Einschränkung dieses Ansatzes ist die relative Messung des Interferometers. Das verwendete homodyne Interferometer liefert, wie in Kapitel 3.3 beschrieben, keine absolute Längenmessung sondern lediglich die Variation der Weglänge über den Verlauf der Oberfläche. Eventuelle Störungen in der Oberfläche sind damit rein relativ erfassbar. Eine absolute Aussage kann nicht getroffen werden, da die Basisfläche nicht absolut bestimmt werden kann.

Eine Rückrechnung auf die Asphärenparameter der gemessenen Asphäre ist möglich, aber nicht aussagekräftig. Dies liegt an der Nichteindeutigkeit der Asphärenparameter wie in Kap. 2.1 beschrieben.

Im Signal werden sich die Rauschbeiträge der einzelnen Komponenten widerspiegeln, welche in Kap. 5 beschrieben werden. Um dem entgegenzuwirken kann eine Filterung des Signals angewandt werden, die Teile dieses Rauschens entfernen kann. Zur Entfernung des Rauschens des Interferometers kommt eine einfache Mittelwertfilterung zum Einsatz, z.B. ein gleitendes Gaussfilter. Als weitere Alternative können interpolierende Filterverfahren wie z.B. ein Savitzky-Golay-Filter zum Einsatz kommen. Dieses Filter hat, bei geeigneter Parameterwahl, einem einfachen Mittelwertfilter gegenüber den Vorteil, dass konkave oder konvexe Strukturen im Signal nicht verzerrt werden, sonder erhalten bleiben. Da bei dieser Anwendung relativ langwellige Fehler erwartet werden, bietet sich z.B. ein Savitzky-Golay-Filter zweiter Ordnung an.

Das frequenzabhängige Rauschen könnte mit einem Frequenzfilter entfernt werden. Der sinnvolle Einsatz eines solchen Filters wird in Kap. 7 erörtert.

Eine leichte Kompensation der Datenauswertung muss vorgenommen werden, da die gemessenen Daten tendenziell nach außen hin aufgrund der steigenden Winkel zu große Abweichungen zeigen. Dieser Kompensationsfaktor wurde durch Kalibriermessungen ermittelt.

4.7 Justage des Aufbaus

Für die bestimmungsgemäße Funktion des Messsystems ist eine genaue Positionierung der Komponenten notwendig, da diese in die Datenaufnahme und -verarbeitung einfließen. Eine exakte Justage des Aufbaus ist in der Praxis nicht möglich, weil die Komponenten teils inhärent nicht fein positioniert werden können. Insbesondere der elliptische Spiegel weist eine Masse von ca. $6\,\mathrm{kg}$ auf, welche die Nutzung von Standardkomponenten wie Kreuztische mit Mikrometerverstellern ausschließt. Auch andere Komponenten können aus Platzgründen nicht optimal mit Justagemechanik versehen werden. Daher müssen Justagestrategien erarbeitet werden, die den Aufbau in einen bekannten Zustand versetzen. Dabei ist die Übereinstimmung von theoretischer erwarteter Position und Ausrichtung der Komponenten mit der realen Position unabdingbar, da die theoretische Position die Grundlage für die Simulation darstellt, aus der die Steuerdaten für die beweglichen Spiegel gewonnen werden und der erwartete Strahlverlauf mit der optischen Weglänge abgeleitet wird. Liegt eine Abweichung zwischen den hinterlegten theoretischen Werten und den real vorherrschenden Werten vor, so ist eine sinnvolle Nutzung der Daten nicht möglich.

Eine Abschätzung des Einflusses der Fehljustage kann durch eine numerische Betrachtung erfolgen und ist in Abbildung 4.8 gezeigt.

Die fünf gewählten repräsentativen Positionen sind dabei einzelne Punkte im Scanbereich: Position 1 und 5 sind die beiden Endpunkte des Messbereichs, Position 2 ist der Mittelpunkt der Linse, Position 3 und 4 sind ungefähr äquidistant zwischen Mittelpunkt der Linse und äußerem Messbereichsende gesetzt. Deutlich zu sehen ist die Unabhängigkeit der Veränderung der Weglänge von der Spiegelposition. Es ergibt sich für einen bestimmten Justagezustand ein nahezu konstanter Offset, der über den Messbereich konstant bleibt. Somit ist dieser Justagefehler für die Messung selbst unkritisch, zumal er durch die relative Längenmessung des Interferometers nicht erfasst wird. Zusätzlich muss beachtet werden, dass der Offset den Rückkehrpunkt des Laserstrahls ins Interferometer beeinflusst. Eine genaue Betrachtung zeigt, dass der Offset selbst in sehr stark dejustierten Fällen im Bereich von ca. $24\,\mu\mathrm{m}$ liegt und damit die in Kapitel 4.3.1 dargestellten Grenzen bei Weitem unterschreitet und auch hier der Einfluss der translatorischen Freiheitsgrade vernachlässigbar ist.

Der Einfluss der Winkeljustage hat einen größeren Einfluss. Eine Analyse analog zur Positionsunsicherheit ist in Abbildung 4.9 für verschiedene Winkel im Bereich von $1\,\mathrm{mrad}$ bzw. $10\,\mu\mathrm{rad}$ zu sehen. Manuelle Justage mit Hilfe der vorhandenen Komponenten kann auf ca. eine bis fünf Bogenminuten genau erfolgen, was ca. $0{,}3\,\mathrm{mrad}$ bis $1{,}5\,\mathrm{mrad}$ entspricht.

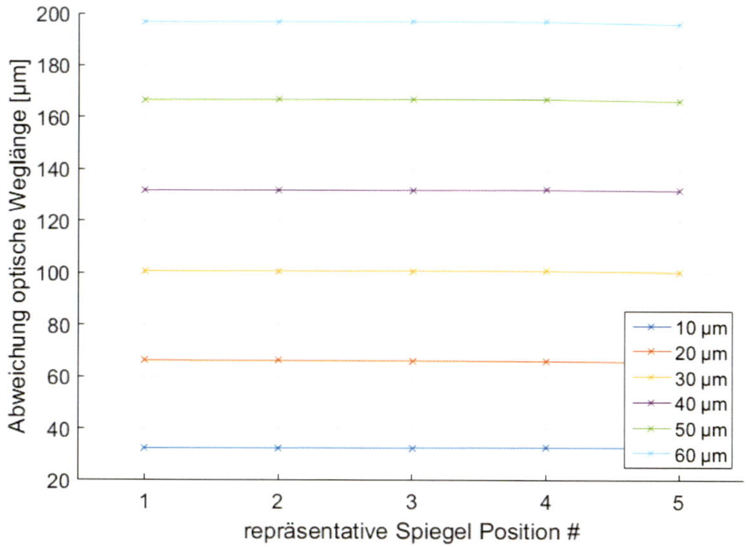

Abbildung 4.8: Einfluss der Missjustage von Komponenten auf die gemessene Gesamtstrecke; Position 1 und 5 sind die beiden Endpunkte des Messbereichs, Position 2 ist der Mittelpunkt der Linse, Position 3 und 4 sind ungefähr äquidistant zwischen Mittelpunkt der Linse und äußerem Messbereichsende gesetzt

Grundsätzlich ist eine solche Dejustage dem Betrieb des Aufbaus insofern nicht hinderlich, dass die Verstellung des Winkels dem aktiv nutzbaren Messbereich abträglich ist. Dies bewegt sich jedoch bei genauer Betrachtung in so kleinem Rahmen, dass dies in der Praxis keine Rolle spielt.

Wie aus Abbildung 4.9 ersichtlich, resultiert eine solche Winkelunsicherheit im günstigsten Fall in einer Weglängenvariation von $25\,\mu m$ bis zu $210\,\mu m$. Diese Weglängenänderung ist stark abhängig von der Messposition, variiert also über den Verlauf einer Messung. Eine solch große Abweichung ist mit den Anforderungen aus Kapitel 4.1 nicht vereinbar und muss reduziert werden.

Eine mögliche Strategie für die Verbesserung der manuellen Justage ist die Durchführung einer Selbstoptimierung der Kalibrierung. Die Strategie dahinter ist die systematische Variation der hinterlegten Positions- und Ausrichtedaten in der Simulation und die anschließende Durchführung einer Messung an einem Kalibrierobjekt. Aus der resultierenden Abweichung kann be-

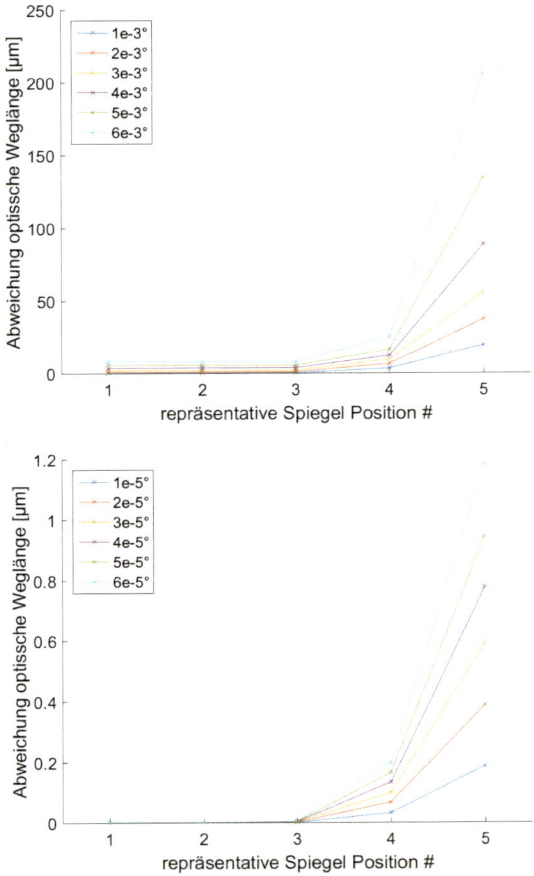

Abbildung 4.9: Einfluss der Winkelfehlstellung bei der Justage auf die gemessenene Wegstrecke für Winkelfehlstellungen im Bereich $1\,\mathrm{mrad}$ (oben) und im Bereich $10\,\mu\mathrm{rad}$ (unten); Position 1 und 5 sind die beiden Endpunkte des Messbereichs, Position 2 ist der Mittelpunkt der Linse, Position 3 und 4 sind ungefähr äquidistant zwischen Mittelpunkt der Linse und äußerem Messbereichsende gesetzt

stimmt werden, wie stark fehlerbehaftet die aktuelle Kalibrierung ist und diese anschließend in einen optimierten Zustand reduzierter Abweichung hin versetzt werden. Dabei wird die beobachtete Abweichungscharakteristik genutzt und diese mit der Änderung nach einer erneuten

Messung verglichen. Dieser Prozess ist iterativ, und gleicht die in der Simulation hinterlegten theoretischen Daten den real vorherrschenden an. Die Verbesserung der Justage auf diese Art ist nur unter der Prämisse zulässig und wirkungsvoll, dass es keine doppeldeutigen Zustände im System gibt, bei denen die positionsabhängige Weglängenänderung minimal wird. Der einzige mögliche Justagezustand mit identischen Lichtwegen für beide Ausbreitungsrichtungen durch das System für das vorliegende System ist der, bei dem der Spiegelursprung und der Mittelpunkt des (a)sphärischen Prüflings exakt an den Orten mit der Ausrichtung der in den Steuerdaten hinterlegten Verkippung angeordnet sind. Das beschriebene Verfahren ist daher zulässig und zielführend. Auf den Selbstkalibriervorgang wird in Kapitel 4.7.1 näher eingegangen.

Danach ist die Rückführung des Messsystems notwendig zur Sicherstellung der Korrektheit der ermittelten Werte. Dies wird anschließend in Kap. 4.7.2 erläutert.

4.7.1 Justagevorgang

Der erste Schritt ist die Ausrichtung des Laserinterferometeres, welche mit Hilfe eines Planspiegels geschieht. Die Komponenten werden so nacheinander vom Interferometer ausgehend aufgebaut und justiert, dass der Strahl nach der Reflexion am Planspiegel ins Interferometer zurückläuft. Wie oben beschrieben ist eine Feinjustage aufgrund der Komplexität der Geometrie nur in beschränktem Rahmen möglich.

Die günstigste Strategie zur Erreichung eines justierten Zustandes ist eine iterative Optimierung zum Abgleich des realen Aufbaus mit den theoretischen Werten, welche in der zugehörigen Steuersoftware für die Generierung der Steuerdaten und Auswertung der Messdaten genutzt werden. Ein manuelles Justieren der 30 Freiheitsgrade des Systems - 5 Komponenten mit je 6 Freiheitsgraden - ist nicht mit vertretbarem Aufwand durchführbar. Da eine klare Zuordnung zwischen Fehlerbild und Fehlstellung fehlt, ist zufällige manuelle Änderung und Beobachtung der Auswirkung der Änderung in einem iterativen Prozess sehr langwierig.

Für die automatische Kalibrierung muss ein Beurteilungskriterium gefunden werden, dass eine Aussage über die Güte des Justagezustandes zulässt. Dazu stehen zwei Größen zur Auswahl; erstens die Abweichung zwischen Soll- und Ist-Länge bei einer Messung und zweitens die Güte des Signals, das am Laserinterferometer entsteht. Wie in Kapitel 3.3 hängt die Güte des Messsignals von der richtigen Ausrichtung zwischen Mess- und Referenzpfad ab. Ist der Aufbau dejustiert, so trifft der rücklaufende Strahl schlecht ausgerichtet in das Interferometer zurück und führt so zu einem verrauschten Messsignal.

Es stehen damit die zwei genannten Beurteilungskriterien für die iterative Justage zur Verfügung.

Zusätzlich können Hilfsmittel genutzt werden, die die Entscheidungsfindung über die notwendigen Korrekturen erleichtern. Durch systematische Änderung von Komponentenpositionen und -ausrichtungen kann eine Karte erstellt werden, die Trends erkennen lässt, in welche Richtung eine Variation günstig ist um den Justagezustand zu verbessern. Diese ist nicht eindeutig und kann die Selbstkalibrierung nicht ersetzen. Erneut kommt hier die Ellipseneigenschaft zum Tragen, die dazu führt, dass nur bei Annäherung an die Übereinstimmung zwischen tatsächlichen und angenommen Ausrichtedaten ein guter Justagezustand erreicht wird und der rücklaufende Strahl das Interferometer trifft.

4.7.2 Kalibrierung

Der Anschluss an die Kalibrierkette erfolgt über eine Kalibrierung des messenden Systems, des Laserinterferometers, z.B. mit einem Stufennormal oder einem Spiegel auf einer lineare Präzisionsachse. Das beschriebene Messsystem führt keine absoluten Messungen durch, sondern nur relative zum angenommenen Ausgangszustand. Diese relative Messung geschieht innerhalb des Messbereichs des Laserinterferometers.

Darüber hinaus können Vergleichsmessungen mit einem Sphärennormal vorgenommen werden. Dies eignet sich besonders zur Justage, da der Radius durch Referenzmessungen z.B. mit Formprüfinterferometern mit einer Unsicherheit unterhalb eines Mikrometers bekannt ist und dadurch die Anzahl der Freiheitsgrade im Aufbau bei der Justage reduziert wird. Eine abschließende Messung des Sphärennormals offenbart systematische Abweichungen im Aufbau, welche bei der Datenauswertung einer Messung abgezogen werden.

Kapitel 5

Fehlereinflüsse von Komponenten in optischen Aufbauten

Jeder optische Aufbau unterliegt allgemeinen Fehlereinflüssen, die den Strahlengang in der Praxis verändern und somit das optische Ergebnis und die Funktion beeinträchtigen.

In Abbildung 5.1 sind die Einflüsse auf die Messunsicherheit des Systems dargestellt. Die statischen Fehlereinflüsse wie Komponetenqualität (insbesondere die Rauheit der Oberfläche, welche die Reflexion bewirkt und die Formtreue) werden über das Kalibrierverfahren abgedeckt. Datenauswertung und numerische Steuerung wurden bereits in Kapitel 4.4 behandelt.

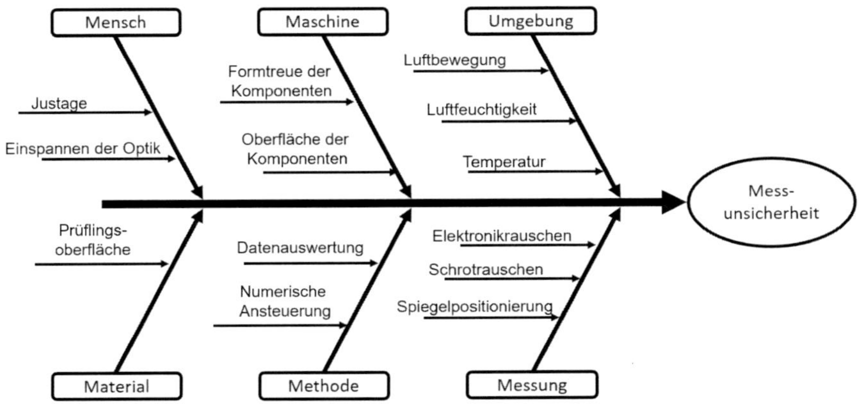

Abbildung 5.1: Einflüsse auf die Messunsicherheit des Systems

Damit bleiben als die wichtigen Einflussgrößen

1. Temperatur und Luftdruck: Sie haben Einfluss auf die Dichte der Luft und damit auf deren Brechungsindex (siehe auch 3.3). Dadurch ändert sich der Strahlverlauf an Grenzflächen zwischen zwei Medien.

2. Luftbewegung: Sie führt zu lokalen Luftdruck- und damit Dichteschwankungen der Luft, wodurch der Lichtstrahl minimal abgelenkt werden kann.

3. Justage von Komponenten: Versatz oder Verkippung ändert den Auftreffpunkt und -winkel auf optische Komponenten, wodurch die optische Funktion verändert wird.

4. Qualität der Komponenten: Abweichungen realer optischer Elemente von der in der Planung vorgesehen perfekten Komponente verändern deren Wirkung auf den Strahlengang.

Diese Einflussgrößen beeinflussen die verwendeten optischen Komponenten, eingeschlossen passive Komponenten. Bei aktiven Komponenten können, je nach Komponente, zusätzliche Störgrößen auftreten.

Wesentlichen Einfluss auf den Brechungsindex n der Luft hat dabei Luftfeuchtigkeit, Luftdruck und Temperatur. Bereits seit Mitte des 20. Jahrhunderts existieren Näherungsformeln [Ben66], mit denen der Brechungsindex n beschrieben und berechnet werden kann, die bis heute weiter verbessert wurden. Eine Abschätzung zum Einfluss auf den Einfluss von Luftdruckschwankungen nach [Cid96] ist in Formel 5.1 gegeben. Sie setzt geht von der Annahme aus, dass der reale Brechungsindex als Summe der Brechungsindizes des trockenen Luftanteils und des feuchten Luftanteils angenähert werden kann:

$$n = 1 + (\rho_a/\rho_{axs}) \cdot (n_{axs} - 1) + (\rho_w/\rho_{ws}) \cdot (n_{ws} - 1) \tag{5.1}$$

Dabei ist ρ_{axs} die Dichte von trockener Luft bei $15^{\circ\circ}$C und Normaldruck, ρ_a die Dichte von trockenen Luftanteils in der real vorliegenden Luft, n_{axs} der Brechungsindex von trockener Luft bei $15^{\circ\circ}$C und Normaldruck, ρ_w die Dichte des feuchten Luftanteils in der real vorliegenden Luft, ρ_{ws} die Dichte von reinem Wasserdampf bei $20^{\circ\circ}$C, und n_{ws} der Brechungsindex von reinem Wasserdampf.(siehe [Cid96], Formel 5)

Eine solche Abhängigkeit wird z.B. von Interferometerherstellern genutzt, um die Längenmessung mit Hilfe einer Temperatur und Luftdruckmessung zu korrigieren, wie es auch im verwendeten Modell SIOS SP 2000 der Fall ist.

Temperatur und Luftaustausch wird in den genutzten Räumlichkeiten durch eine Klimaanlage geregelt, die langfristig eine Temperatur in einem $2\,\mathrm{K}$-Korridor sicherstellen soll. Zusätzlich herrschen lokale Luftströmungen durch die Positionierung von Lüftungsauslässen und der Bewegung von Personen im Raum vor. Eine Abschätzung dieser Einflüsse ergibt mögliche Schwankungen im Bereich von $0{,}1\,\mathrm{K}$ bis $0{,}2\,\mathrm{K}$ im Bereich von wenigen Sekunden.

Im Falle aktiver optischer Komponenten kommen noch weitere Einflussfaktoren hinzu, welche die reale Auswirkung weiter von der idealen, fehlerfreien Beschreibung entfernen. Solche aktiven Komponenten können z.B. wie folgt wirken:

1. Mechanische Bewegung
2. Änderung des Brechungsindex
3. Änderung der Transmissivität oder Reflektivität
4. Änderung der Wellenlängendurchlässigkeit / Dispersion

5.1 Fehlereinflüsse der verwendeten Komponenten

Im vorliegenden Fall werden aktive mechanische Komponenten benutzt, die kleine mechanische Spiegel hochgenau verkippen können. Zum Einsatz kommen zwei unterschiedliche Arten von Spiegeln mit unterschiedlichen Positioniertrieben (siehe Kap. 4), einer mit Tauchspulen positionierender Spiegel sowie einer von Piezos angetriebender Spiegel. Die Vorteile der jeweiligen Systeme und die Gründe für deren Wahl finden sich in Abschnitt 4.3 erläutert, hier wird auf die Nachteile der Komponenten eingegangen. So gehen die größere Spiegelfläche und die größeren Kippwinkel des Tauchspulenspiegels mit einer schlechteren Positionierungsunsicherheit, trägerem Ansprechverhalten und einem erhöhten Zittern beim Halten einer Position einher. Der Piezospiegel weist ebenfalls ein leichtes Zittern in der Grundstellung auf, dieses ist jedoch nicht so ausgeprägt wie jenes des Tauchspulenspiegels.

Dabei spielen zwei Größen einen wesentlichen Beitrag zur Ablenkung des eintreffenden Lichtstrahls, die Position des Pivot-Punktes (der Punkt des Spiegels um den die Kippung erfolgt) und die stärke der Kippung selbst. Die verwendeten Spiegel sind so ausgelegt, dass der Pivot-Punkt in der Mitte auf der Spiegeloberfläche liegt. Ein dort auftreffender Strahl wird damit nur ausgelenkt. Der Reflexionspunkt selbst ändert sich nicht, wie es der Fall ist, wenn er abseits des Pivot-Punktes auftrifft, da sich der Spiegel dort bei der Verkippung vor und zurück bewegt.

5.1.1 Laserinterferometer

Das verwendete Laserinterferometer der Firma *SIOS* ist das Modell SP2000, welches ein homodynes Laserinterferometer nach Kap. 3.3 ist.

In einen Laserinterferometer dieser Bauart befinden sich für den regulären Betrieb keine bewegten Komponenten, welche Fehlerquellen darstellen können, so dass als erstes das Licht als Messwerkzeug dieses Systems für die Fehlerbetrachtung herangezogen wird. Durch die Quantennatur des Lichtes treffen Photonen jeweils mit diskreten Energiemengen am Detektor auf und führen dadurch zum sog. Schrotrauschen. Eine Betrachtung des Rauschens durch diesen Effekt durch Caves [int81] liefert folgenden vereinfachten Zusammenhang für die minimale Auflösung bedingt durch Schrotrauschen

$$\Delta z = sqrt\left(\frac{2\hbar\tau}{m}\right) \tag{5.2}$$

wobei τ die zeitliche Länge des Messintervalls beschreibt, m die Masse der beiden Spiegel des Interferometers und $\hbar$ das Plancksche Wirkungsquantum.

Das verwendete Instrument arbeitet, unabhängig von der gewählten Messfrequenz mit der die Ausgabewerte generiert werden, mit einer internen Abtastrate von $1\,\text{MHz}$. Daraus folgt ein τ von $1\,\mu\text{sec}$, für die Spiegel wird näherungsweise $m = 1\,\text{g}$ angenommen.

Damit ergibt sich nach Formel 5.2 eine Wegunsicherheit von $\Delta z = 1,45 \cdot 10^{-18} m$, weit unterhalb der relevanten Größenordnung. Das Schrotrauschen kann daher bei der Betrachtung des Interferometers vernachlässigt werden.

Für die Untersuchung des Rauschverhaltens bietet sich ein minimaler Aufbau aus Interferometer mit Planspiegel an, in dem das Verhalten des Interferometers überprüfbar ist. Eine Messung unter identischen Bedingungen, die auch für den finalen Aufbau gelten (klimatisiertes Labor), mit einer Frequenz, welche auch für die Messung verwendet wird, liefert ein Frequenzspektrum, wie in Abb. 5.2 dargestellt.

Keine hier gemessene Frequenz leistet einen deutlichen Beitrag zum Rauschen, die Annahme von frequenzunabhängigem Rauschen ist somit gerechtfertigt.

5.1.2 Tauchspulenspiegel Newport FSM-300-01

Der Tauchspulenspiegel weist laut Herstellerangabe eine minimale Wiederholgenauigkeit von $3\,\mu\text{rad}$ auf. Die thermale Drift wird mit $\frac{5\,\mu\text{rad}}{^\circ\text{C}}$ angegeben. Dies bedeutet bei einer kurzfristig mög-

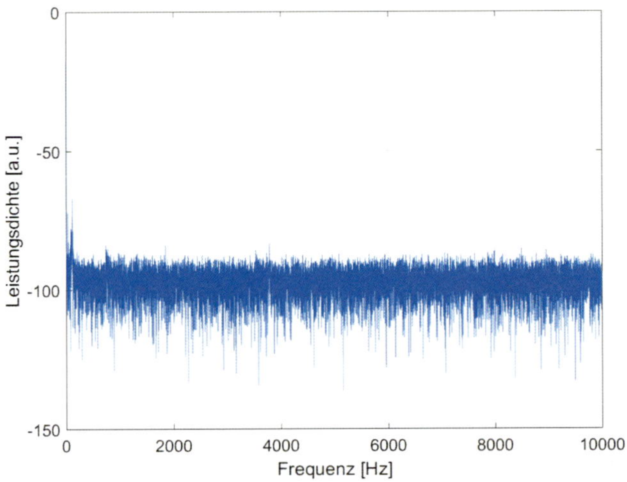

Abbildung 5.2: Frequenzspektrum des Rauschverhaltens des verwendeten Interferometers bei einer statischen Messung mit einer Frequenz von $25\,\text{kHz}$

lichen Temperatur-Schwankung im Bereich (siehe Kapitel 5) von ca. $0{,}1\,°\text{C}$ eine Unsicherheit von $0{,}5\,\mu\text{rad}$.

Die Fehlereinflüsse sind analog zum Interferometer über eine Messung bestimmbar (siehe Kapitel 5.1.1). Hier ergibt sich ebenfalls größtenteils frequenzunhängiges Rauschen, mit einem kleinen Beitrag im Rauschspektrum bei einer Frequenz von $118\,\text{Hz}$.

5.1.3 Piezospiegel PI S-334.2SL

Der Piezospiegel *PI* S-334.2SL weist laut Herstellerangabe eine typische Wiederholgenauigkeit von $5\,\mu\text{rad}$ auf. Ein minimaler Wert analog zur Angabe beim Tauchspulenspiegel FSM-300 ist vom Hersteller nicht zu erhalten. Die Wiederholgenauigkeit erscheint auf den ersten Blick unter Umständen schlechter als die des FSM-300. In der Praxis zeigt sich jedoch, dass der S-334 eine geringere Streuung des Positionierung zeigt und die Wahl dieses Spiegels gegenüber einem zweiten Exemplars des FSM-300 gerechtfertigt und sinnvoll ist.

Eine Untersuchung der Frequenzabhängigkeit analog zum Interferometer zeigt keine signifikanten Einflüsse abseits von weißem Rauschen.

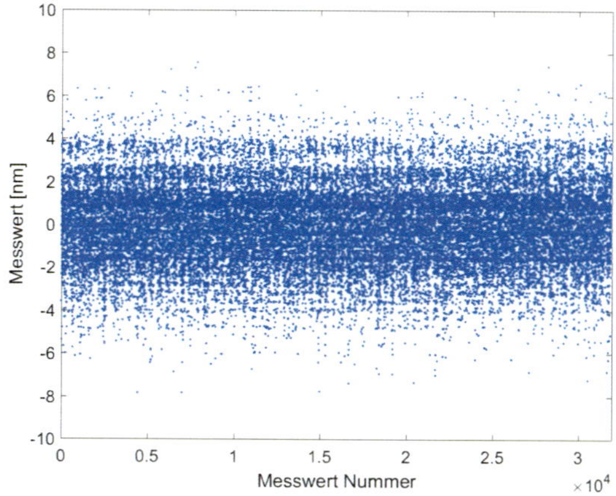

Abbildung 5.3: Beispielhafte Messung zur Streuung der Messwerte bei einer Messfrequenz von 50 kHz.

5.2 Auswirkungen auf den Messaufbau

Zur Bestimmung des Fehlereinflusses in Abhängigkeit von der Messfrequenz werden Messungen mit einem statischen Spiegel durchgeführt. Dabei wird das Interferometer entweder über keinen, einen oder zwei eingeschaltete, aber unbewegte Spiegel auf einen Reflektorspiegel geführt. Diese Messungen werden wiederholt für verschiedene Messfrequenzen im schnellen Messmodus des Interferometers durchgeführt.

Dargestellt ist die Standardabweichung vom Mittelwert für statische Messungen für verschiedene Messfrequenzen. Während dieser Messung wird keine Komponente bewegt, allerdings sind die aktiven Spiegel, sofern vorhanden, eingeschaltet und halten die aktuelle Position. Deren Positionsregelung beeinflusst folglich die Ergebnisse der Messungen. Für die Messung ohne Spiegel, deren Ergebnisse in Abb. 5.4 dargestellt ist, ist gut zu erkennen, dass die Abweichung von Wiederholungsmessung zu Wiederholungsmessung relativ gering ist. Die Gesamtgröße der Streuung und damit die Höhe der Säulen vom ca. 3 nm fällt für Frequenzen ab 25 kHz deutlich gegenüber den langsameren Frequenzen auf ca. 2 nm ab. Insgesamt liegt die Streuung innerhalb dessen, was bei einer Messung in einer Laborumgebung mit Standard-Ausrüstung, wie luftgelagertem Tisch, jedoch ohne laminarem Luftfluss, zu erwarten ist. Wird nun ein aktiver Spiegel in den Strahlengang gebracht, so kann eine deutliche Erhöhung der Streuung auf ca.

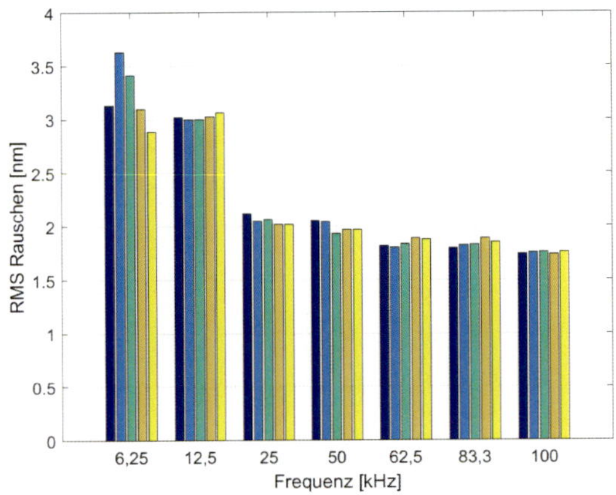

Abbildung 5.4: Streuung von Wiederholmessungen ohne aktive Spiegel im Strahlengang. Die unterschiedlichen Säulen repräsentieren je fünf Wiederholmessungen.

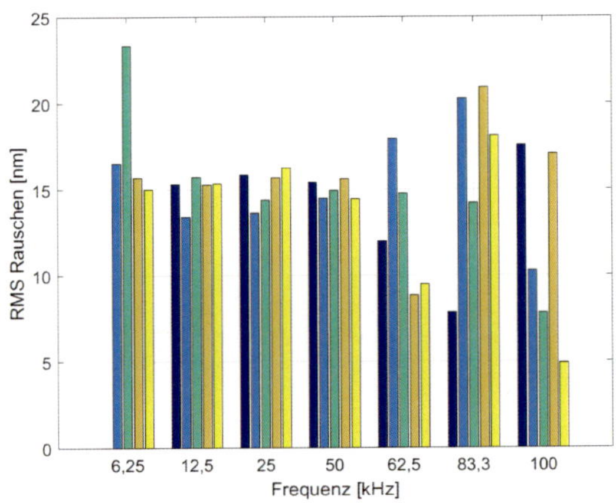

Abbildung 5.5: Streuung von Wiederholmessungen mit einem aktiven Spiegel im Strahlengang. Die unterschiedlichen Säulen repräsentieren je fünf Wiederholmessungen.

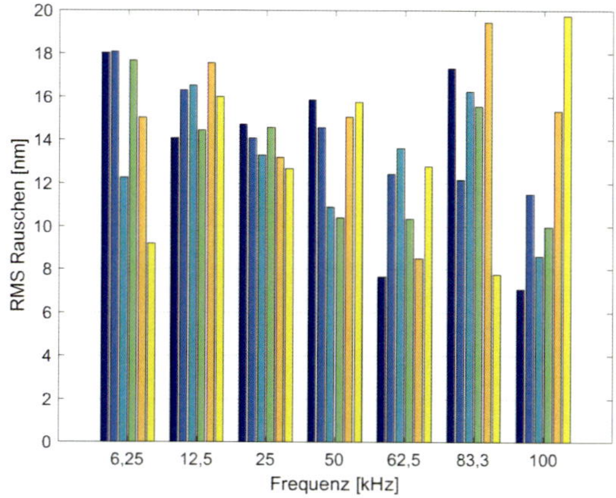

Abbildung 5.6: Streuung von Wiederholmessungen mit zwei aktiven Spiegeln im Strahlengang. Die unterschiedlichen Säulen repräsentieren je fünf Wiederholmessungen.

15 nm festgestellt werden wie in Abb. 5.5 gezeigt. Dabei sind die Messungen für Frequenzen zwischen 12,5 kHz und 50 kHz wiederholbar und weisen nur eine geringe Streuung innerhalb der Wiederholmessungen je einer Frequenz auf. Eine starke Abweichung von diesem Verhalten kann ab einer Frequenz von 62,5 kHz festgestellt werden. Hier nimmt der durchschnittliche Wert für das Rauschen zwar leicht ab, allerdings wird die Streuung innerhalb von Wiederholmessungen der gleichen Frequenz deutlich größer und kann auch die Höchstwerte bei geringeren Messfrequenzen deutlich übersteigen.

Wird der zweite Spiegel in den Strahlengang gebracht, so bleibt das Verhalten ähnlich zu dem mit einem Spiegel. Den Ergebnissen in Abb. 5.6 gemäß, ist die Grundstreuung analog zum Fall mit einem Spiegel mit einem Niveau von ca. 15 nm deutlich erhöht. Zusätzlich zeigt sich dieselbe Tendenz bei hohen Frequenzen über 50 kHz zu einem erhöhten Rauschen zwischen zwei Wiederholmessungen. Die Anforderung an den Messaufbau ist ein möglichst geringes Rauschen durch die Nutzung aktiver Komponenten bei der Messung mit dem Interferometer. Aus der Betrachtung der Frequenzabhängigkeit lässt sich daher ableiten, dass eine Frequenz von 25 kHz oder 50 kHz zur Reduktion dieses Einflusses angeraten ist.

5.2.1 Theoretische Abschätzung des Fehlers nach GUM

Zur allgemeinen Betrachtung der Fehlereinflüsse existiert ein DIN Normenentwurf [Ne99] - „Leitfaden zur Angabe der Unsicherheit beim Messen“ bzw. im englischen „Guide to the expression of uncertainty in measurement“, in der Regel als GUM abgekürzt. Diese schildert eine systematische Vorgehensweise zur Ermittlung der Unsicherheitsangabe einer Messung. Nach dieser Vorschrift werden zunächst alle Fehlerquellen untersucht und mit einer Standardunsicherheit beziffert, anschließend potentielle Korrelationen zwischen den Einflussgrößen gesucht und anschließend alle Unsicherheiten zur Gesamtunsicherheit zusammengeführt.

Für die Standardabweichung bzw. Unsicherheit σ einer Messgröße q in Abhängigkeit einer Störgröße in n Betrachtungsfällen gilt:

$$\sigma^2(q) = \frac{1}{n-1} \sum_{k=1}^{n} (q_k - \bar{q})^2 \tag{5.3}$$

Dabei ist q_k der Wert für eine einzelne Beobachtung der Größe q und $\bar{q}$ der Mittelwert derselben.

Für die kombinierte Unsicherheit $u_c(y)$ der Erwartungsgröße y gilt nach [Ne99]

$$u_c(y) = \sum_{i=1}^{N} \left(\frac{\partial f}{\partial x_i}\right)^2 u(x_i)^2 \tag{5.4}$$

mit den Einzelunsicherheitsbeiträgen $u(x_i)$ der insgesamt N Fehlereinflüsse und der Abhängigkeit $\frac{\partial f}{\partial x_i}$ der betrachteten Größe f von den jeweiligen Fehlereinflüssen x_i in der Form $y = f(x_1, x_2, \ldots, x_N)$.

Für die Abschätzung der Gesamtunsicherheit muss daher die Unsicherheit der einzelnen Komponenten bekannt sein, damit diese nach Formel 5.4 zusammengeführt werden können. In den folgenden Unterkapiteln wird daher der Einfluss der einzelnen Störgrößen untersucht und abgeschätzt.

5.2.1.1 Tauchspulenspiegel

Der Spiegel ist mit Hilfe mehrerer Federn frei schwingbar gelagert und an keinem Punkt fest mit dem Gehäuse oder einem Gelenk verbunden. Ist er im stromlosen Zustand, so wird der Spiegel durch die Gravitation nach unten gezogen und hängt schräg im Gehäuse. Erst eine Inbetriebnahme der Tauchspulen bringt den Spiegel in die Nullposition. Die Positionierung erfolgt durch das Anlegen einer Spannung an die Tauchspulen, wodurch die am Spiegel befestigten Aktoren innerhalb der Spulen bewegt werden und so den Spiegel bewegen. Diese Steuerspannung wird durch eine Digital-Analog-Wandlerkarte ausgegeben und in einem spiegeleigenen Verstärker auf Betriebsspannung transformiert.

Der Spiegel verfügt über eine aktive Lageregelung, die mit ca. $600\,\text{Hz}$ die aktuelle Position des Spiegels in die Steuereinheit zurückgibt, die eine Korrektur der Steuerspannung vornehmen kann. Eine solche Steuerung ist aufgrund der Frequenzbegrenzung nach den Betrachtungen in Kapitel 5.2 zu langsam und wird daher nicht genutzt.

Stattdessen wird der sog. „open-loop"-Modus genutzt, in dem keine aktive Lagekontrolle stattfindet, und der Rauscheinfluss somit dem Verstärkerrauschen der Steuereinheit entspricht, die den Spiegel antreibt.

Thermisches Rauschen, hervorgerufen durch die thermische Bewegung der Ladungsträger im System, hat eine konstante spektrale Leistungsdichte, auch als „weißes Rauschen" bezeichnet. Diese Art des Rauschens ist definiert durch

$$x(\omega,t) = \hat{x} \cdot e^{i\omega t} \frac{\partial x}{\partial \omega} = const. \tag{5.5}$$

Ein weiterer potentieller Fehlereinfluss beim Betrieb aktiver Komponenten ist die Phasenverzögerung zwischen Steuersignal und Reaktion der Komponente auf dieses Signal und Einnahme der geforderten Position. Eine Charakterisierung des Spiegels offenbart, dass für den vorliegenden Spiegel dies jedoch nicht von Belang ist, da die Phasenverzögerung erst bei Frequenzen größer $50\,\text{Hz}$ zwischen Extrempositionen auftritt. Für die vorgesehene Ansteuerung wird über den Verlauf einiger Sekunden eine stetige und langsame Positionsänderung entlang der Kipprichtung gefahren, die keine Sprungstellen aufweist. Dieser Fehlereinfluss kann damit ausgeschlossen werden.

5.2.1.2 Piezospiegel

Der Piezospiegel PI S-334 wird durch einen Stapel von Piezo-Kristallen angetrieben, die durch Anlegen einer Hochspannung verformt werden. Durch diese Art des Antriebes ist der Piezospiegel naturgemäß positionsstabiler. Zusätzlich ist er durch die kleinere Bauart und den geringeren Dynamikbereich weniger anfällig für externe Störeinflüsse. Die Elektronik der Ansteuerung ist dennoch ähnlich zum Tauchspulenspiegel aus Kap. 5.2.1.1. Ein durch die Digital-Analog-Wandlerkarte ausgegebener Spannungswert wird durch einen Verstärker auf die für Piezos notwendige Hochspannung transformiert und diese auf die Spiegel gegeben. Auch hier wird ein Verstärkerrauschen erwartet.

Ebenfalls ähnlich ist der Umstand bezüglich der Phasenverzögerung. Der Piezospiegel weist durch seine etwas geringere Spiegelgröße eine geringer Masse auf und ist weniger träge, so dass die Phasenverzögerung hier weniger ins Gewicht fällt.

5.3 Modellierung der Fehlereinflüsse

Ein Standardvorgehen für die mathematische Formulierung komplexer optischer Probleme ist die Nutzung der Matrizenoptik. Diese stellt zum einen die Voraussetzung, dass lediglich achsnahe Strahlen betrachtet werden, zum anderen muss der betrachtete Fall Rotationssymmetrie aufweisen, damit eine Reduktion des Problems in zwei Dimensionen stattfinden kann [Bur94]. Die letzte Voraussetzung ist im vorliegenden Fall nicht gegeben, daher wird bei den folgenden Betrachtungen von einer Nutzung der Matrizenoptik Abstand genommen. Stattdessen wird die vollständige Beschreibung des Strahlverlaufs zwischen den Komponenten als Gerade im dreidimensionalen Raum vorgenommen.

Insgesamt befinden sich vier optische Komponenten im Strahlengang – die beiden ebenen Spiegel M1 und M2, der ellipsoide Spiegel sowie die Asphäre – welche jeweils zweimal im Strahl aktiv sind, mit Ausnahme der Asphäre, welche nur an einer Reflexion beteiligt ist, da sie den Umkehrpunkt darstellt. Insgesamt sind also sieben Reflexionen beteiligt. Deren Einflüsse auf die laterale Abweichung Δx lassen sich allgemein wie folgt beschreiben

$$\Delta x = \sum_{i=1}^{N} \left(\sum_{j=i}^{N} \sin \varepsilon_i \cdot l_j \right) \approx \sum_{i=1}^{N} \left(\sum_{j=i}^{N} \varepsilon_i \cdot l_j \right) \tag{5.6}$$

Wobei ε_i die jeweilige Abweichung des Winkels darstellt und l_i den Abstand zur nächsten optischen Komponente beschreibt. Für kleine Winkel ε_i gilt die Näherung $\sin \varepsilon_i \approx \varepsilon_i$, welche hier genutzt wird, da die erwarteten Abweichung klein sind. Komponenten $i = 1$ und 2 sowie $i = 6$ und 7 stellen dabei die ebenen Spiegel M1 bzw. M2 dar, $i = 3$ und $i = 5$ den ellipsoiden Spiegel, $i = 4$ die Asphäre. Die innere Summe ist die gesamte verbleibende Wegstrecke, die das Licht nach passieren des Elementes i durchläuft.

Nach den Betrachtungen in 5.2.1 bedeutet dies für die Abhängigkeit des lateralen Versatzes in Abhängigkeit der Einzelfehlstellungen

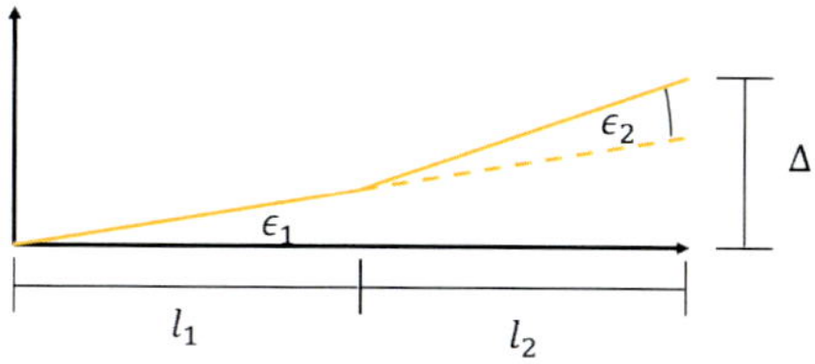

Abbildung 5.7: Schematische Darstellung der Addition der Fehlstellungen

$$\frac{\partial \Delta x}{\partial \varepsilon_i} = \sum_{j=i}^{N} l_j \tag{5.7}$$

Dabei sind die Elemente $i = 1,2,6,7$ als variabel zu betrachten, da diese die bewegten Komponenten darstellen. Die anderen Komponenten sind statisch (Ellispoider Spiegel und Asphäre können dejustiert sein, sind aber nicht beweglich während der Messung). Sie können dennoch einen dynamischen Beitrag zum Versatz liefern, da sie nicht-linear spiegelnd wirken. Sie müssen also bei der Betrachtung der Fehlerfortpflanzung ebenfalls berücksichtigt werden.

Die im Aufbau vorhandenen Wegstrecken l_j sind in sich ebenfalls durch die Reflexion am nachfolgenden optischen Element abhängig von der Fehlstellung der vorherigen Fehlstellungen $l_j = l_j(\varepsilon_1, \varepsilon_2, ..., \varepsilon_N)$. Die Längenunterschiede bzw. die Änderung sind sehr klein $\frac{\partial l_j}{\partial \varepsilon_i} \ll l_j$, so dass dieser Beitrag vernachlässigt werden kann und die Abhängigkeit vereinfacht werden kann zu

$$\frac{\partial \Delta x}{\partial \varepsilon_i} = \sum_{j=i}^{N} l_j = L_i = const. \tag{5.8}$$

Die Wegstrecken l_j sind darüber hinaus nicht einzigartig, sondern jeweils paarweise identisch $l_j = l_{N-j}$, da sie sowohl auf dem Hinweg als auch auf dem Rückweg des Strahls durchlaufen werden. Gleichzeitig kann für beide Laufrichtungen des Strahls eine jeweils identische Winkelfehlstellung ε_i an den Komponenten angenommen werden, da die Ausbreitung des Lichts durch das System etwa 7 ns benötigt und damit im Vergleich zur Bewegung der Spiegel (in der Größenordnung von max. $100\,\mu s$) als instantan angekommen werden kann. Für sie gilt folglich analog zu den Weglängen $\varepsilon_i = \varepsilon_{N-i}$.

Die einzelnen Fehlstellungen ε_i hängen voneinander ab und die Beschreibung ε_i wird dargestellt als $\varepsilon_i(\varepsilon_1, \varepsilon_2, ..., \varepsilon_{i-1})$. Für die ebenen Spiegel ist diese Abhängigkeit nicht gegeben, da die Ebene unabhängig vom Auftreffpunkt die gleiche Orientierung im Raum bzw. Oberflächennormale aufweist. Relevant wird dieser Zusammenhang bei der Reflexion an der Asphäre und dem ellipsoiden Spiegel, welcher im Folgenden betrachtet wird.

5.3.1 Reflexion an der Asphäre

Für die Reflexion an der Asphäre kann angenommen werden, dass der Auftreffwinkel des Strahls im Sollzustand senkrecht auf der Oberfläche steht. Dies bedeutet, dass eine kleine Ablenkung ε des Auftreffwinkels ebenfalls in der Nähe von 0° relativ zur Oberflächennormale liegt. Daraus folgt für die Variation des Auftreffpunktes Δx auf der Asphäre ein linearer Zusammenhang $\Delta x \propto \varepsilon$. Des Weiteren kann für eine nahe Umgebung um den Auftreffpunkt die Asphäre als Sphäre bzw. Polynom zweiten Grades genähert werden. Die Ableitung dieses Polynoms, welche die Steigung der Oberfläche darstellt, ist folglich eine lineare Funktion. Durch Einsetzen des lateralen Versatzes Δx in diesen Zusammenhang erhält man einen linearen Zusammenhang für Fehlstellung des reflektierten Strahls in Abhängigkeit der Fehlstellung des einfallenden Strahls.

$$\varepsilon_{reflektiert} \propto \varepsilon_{einfallend} \tag{5.9}$$

Die Reflexion an der Asphäre findet im Gesamtstrahlenverlauf im Gegensatz zu den restlichen Reflexionsvorgängen einmal statt.

5.3.2 Reflexion an der Ellipse

Ähnlich wie bei der Reflexion an der Asphäre in Kapitel 5.3.1 kann auch hier die lokale Umgebung mit einem Polynom zweiten Grades angenähert werden. Ein Unterschied dazu besteht im Auftreffwinkel auf die Oberfläche, welche im vorliegenden Fall nicht bei 0°, sondern im Bereich von ca. 45° liegt. Dies hat zur Folge, dass der laterale Versatz des Auftreffpunktes nicht mehr linear von der einfallenden Fehlstellung $\varepsilon_{einfallend}$ abhängt. Eine Betrachtung der Geometrie mit dem Kosinussatz liefert eine quadratische Abhängigkeit

$$\varepsilon_{reflektiert} \propto \varepsilon_{einfallend}^2 \tag{5.10}$$

Diese Reflexion findet im Gesamtstrahlenverlauf zwei Mal statt, jeweils beim Lauf des Strahls zur Asphäre und nach der Reflexion des Strahls an der Asphäre zurück zum Interferometer.

5.3.3 Kombination der Einzelbeiträge für die Gesamtabhängigkeit

Die Kombination der Abhängigkeiten aus den Kapiteln 5.3.1 und 5.3.2 in Gleichung 5.6 unter der Annahme, dass lediglich die beiden Kippspiegel variabel sind und die restlichen Komponenten (Interferometer, ellipsoider Spiegel, Prüfling) statisch, liefert folgenden Zusammenhang, wobei die konstanten Anteile der Gleichung durch die Vorfaktoren a_i bzw. b_i repräsentiert werden.

$$\Delta x = \sum_{i=1}^{N} \left(\varepsilon_i \sum_{j=i}^{N} l_j \right) = a_1 \cdot \varepsilon_1 + a_2 \cdot \varepsilon_2 + a_3 \cdot (\varepsilon_1 + \varepsilon_2)^2 + a_4 \cdot (\varepsilon_1 + \varepsilon_2)^3 + \quad (5.11)$$

$$a_5 \cdot (\varepsilon_1 + \varepsilon_2)^5 + a_6 \cdot (\varepsilon_1 + \varepsilon_2)^5 + a_7 \cdot (\varepsilon_1 + \varepsilon_2)^5$$

$$= b_1 \cdot \varepsilon_1 + b_2 \cdot \varepsilon_2 + b_3 \cdot (\varepsilon_1 + \varepsilon_2)^2 + b_4 \cdot (\varepsilon_1 + \varepsilon_2)^3 + b_5 \cdot (\varepsilon_1 + \varepsilon_2)^5 \quad (5.12)$$

Damit ist nach diesen Betrachtungen eine Abhängigkeit in Form eines Polynoms fünften Grades zu erwarten.

5.3.4 Numerische Betrachtung in der Strahlverfolgungssimulation

Eine numerische Abschätzung des Einflusses der Komponenten wie sie im vorigen Abschnitt dargelegt wurden kann in der Strahlverfolgungssimulation in MATLAB erfolgen. Dazu werden in einer Serie von Simulationen die Positionen der verwendeten Komponenten mit einer zufällig erzeugten Unsicherheit beaufschlagt, die im Wesen und Umfang der aus Abschnitt 5.1 entspricht.

Die dabei zu untersuchenden Parameter sind an erster Stelle die resultierende statistische Messunsicherheit durch die Positionsvariation des Spiegel. Dazu kommen weitere Randbedingungen, welche eingehalten werden müssen, wenn eine Messung erfolgreich durchgeführt werden soll. Dies sind die Anforderungen des Interferometers, welches den reflektierten Strahl empfangen und auswerten können muss (siehe Kapitel 4.3.1).

Bei der Untersuchung des Einflusses der Winkelvariation ist ein klarer Trend zu erkennen. Die Variation in der Weglänge ist für ca. den halben Bereich des betrachteten Bereichs kleiner ca. $30\,\mathrm{nm}$. Für größer werdende Ablenkwinkel von der Nulllage steigen die durch Rauschen erwarteten Abweichung stark an und erreichen ca. $150\,\mathrm{nm}$ für die äußersten Positionen des Prüflings. Eine solche Charakteristik ist nicht überraschend aufgrund der großen optischen Weglänge von ca. $2\,\mathrm{m}$ und dem damit verbundenen Abbe-Fehler bei kleinen Winkelabweichungen.

Die Ergebnisse unterstützen die Betrachtung, dass eine Formmessung möglich ist, für die Betrachtung von Rauheiten die auftretenden Fehler aber ca. zwei Größenordnungen zu groß sind.

Dazu kommt, dass die auftretenden Fehler in der Mitte des Prüflings (Spiegelpositionen < 400) sehr gering sind (bis Spiegelposition 250 kleiner 1 nm). Dies kommt einer praktischen Anwendung entgegen, da der Bereich der Linsenmitte jenen mit den höchsten Ansprüchen an die optische Güte und Formtreue darstellt. Ein Ansteigen der Messunsicherheit zum Rand des Prüflings hin ist nicht positiv zu bewerten, im Rahmen der Anwendung jedoch akzeptabel.

Zusätzlich wird aus der Tatsache, dass bereits kleine laterale Versetzungen der Komponenten in größeren Versetzungen des rücklaufenden Lichtes resultieren, der Bedarf nach einer geeigneten Justagestrategie deutlich, damit dieser Versatz unterhalb des vom Interferometer akzeptieren Limits minimiert wird.

5.4 Entwicklung einer Kalibrierstrategie

Die oben betrachteten Fehler setzen sich aus statistischen und systematischen Fehlern zusammen, welche sich aus einer Abweichung zwischen dem tatsächlichen Zustand des Systems und dem in der Steuerung angenommenen Zustand des Systems ergeben. Um diese Fehleranteile möglichst klein zu halten ist eine ausreichende Kalibrierung des Systems notwendig.

Eine solche Kalibrierstrategie ist in seiner einfachsten Form eine direkte Zuordnung eines Fehlerbildes bzw. eines beobachteten Zustandes des Systems und einer dazugehörigen Anweisung, welche Eigenschaften des Aufbaus geändert werden müssen, um den Systemzustand näher in Richtung des idealen Vorbildes zu bringen. Beobachtbare Größen sind z.B.

- Laterale Verschiebung des Auftreffpunkts des Lasers am Laserinterferometer (Rückweg)
- Auftreffpunkt des Lasers am Prüfobjekt bzw. einem Kalibrierobjekt im Objekthalter
- Auftreffpunkte des Lasers an den einzelnen Spiegeln

Eine erste Betrachtung des Zusammenspiels der Komponenten für den vorliegenden Fall zeigt, dass es keine direkte lineare und vor allem eindeutige Abhängigkeit zwischen einer Fehlstellung bzw. einem Fehlerbild gibt. Die ebenen Spiegel alleine stellen in begrenztem Rahmen einen linearen Zusammenhang zwischen der aktuellen Positionierung des Lichtstrahls und möglichen Fehlstellungen her, durch die teilweise fast 180° Umkehr des Lichtstrahls im Aufbau ergeben sich einfache Doppeldeutigkeiten bei der Interpretation des Zustandes. Die Anwesenheit des ellipsoiden Spiegels jedoch zerstört diesen einfachen Zusammenhang, da sein Reflektionsverhalten durch die gekrümmte Oberfläche die Trennung von rotatorischen und translatorischen Fehlstellungen verhindert.

Aufgrund der hohen Anzahl von Freiheitsgraden und der freien geometrischen Anordnung der Komponenten ohne Regelgeometrien, welche die oben erwähnten Herausforderungen mit sich bringt, wird ein iterativer Ansatz gewählt. Dabei wird in einem vorjustierten Zustand begonnen und anschließend werden iterativ immer wieder Komponenten bewegt und die Veränderung des Systems darauf festgehalten.

Eine solche Vorgehensweise setzt jedoch die Nutzung von motorischen Positioniereinheiten voraus. Die geschätzten Kosten solcher Positioniereinheiten belaufen sich auf insgesamt 20.000 Euro, was den anvisierten Kostenrahmen für die Anwendung übersteigt (siehe Kapitel 4.1). Da dieser Ansatz nicht wirtschaftlich umsetzbar ist, wird ein anderer Ansatz gewählt. Nicht die Komponenten werden bewegt, sondern die digitale Repräsentation der Komponenten in der Betriebssoftware. D.h. die für die Berechnung hinterlegten Koordinaten der Komponenten werden verändert, bis Sie den Koordinaten der Komponente in der realen Welt entsprechen. Somit wird die Software zum Zustand des reellen Aufbaus hin justiert und nicht der Aufbau auf den in der Betriebssoftware hinterlegten idealen Zustand des Systems.

Ein mögliches Vorgehen für diese Strategie kann wie folgt aussehen

1. Manuelle Vorjustage auf einen Zustand nahe der geplanten Konfiguration, maximale Restunsicherheit $0{,}5\,\mathrm{mm}$
2. Einlegen eines Kalibrierobjektes mit bekannter Geometrie (z.B. Kalibriersphäre)
3. Vorberechnetes Muster durch Bewegung der Spiegel abfahren
4. Erfassung der Position des rücklaufenden Strahls
5. Zufällige Änderung der Positionskonfiguration in der (digitalen) Konfigurationsdatei für die Steuerung
6. Wiederholung der Messung
7. Vergleich des maximal messbaren Bereichs der Linse bzw. Bestimmung des Punktes, wo das Signal verloren geht.
8. Verwerfen oder Behalten der geänderten Konfiguration anhand des Vergleichs.

9. Wiederholung der Änderungs- und Prüfschritte bis eine ausreichend gute Konfiguration erreicht ist

Die Erfassung des rücklaufenden Strahls kann dabei z.B. mit einer Vier-Quadranten-Diode durchgeführt werden, welche den lateralen Versatz bestimmt. Dies ist möglich durch Positionierung eines entsprechend ausgerichteten Strahlteilers vor dem Interferometer.

Dabei ist lediglich die Erfassung der Position in zwei Richtungen des rücklaufenden Strahls möglich, die Winkelfehlstellung bleibt unerfasst. In den definierten Koordinaten des Ellipsensystems sind dies die x- und z-Achse. Für die Optimierung muss ein Güteparameter definiert werden, welcher in die Selbstkalibrierungsschleife einfließen kann. Eine tiefergehende Diskussion der möglichen Güteparameter sowie deren Qualität und Eignung findet in Kapitel 6.2 statt.

5.5 Frequenzfilterung der Messdaten

Eine Frequenzfilterung des Rauschens der Spiegel ist grundsätzlich möglich, da die Messfrequenz der Aufnahme bekannt ist und die Punktdichte dementsprechend ausgewertet werden kann. Eine Entfernung der entsprechenden Frequenzen (siehe Kap. 5.1) durch eine Fourier-Transformation reduziert die Variation des Signals, birgt aber gleichzeitig die Gefahr, dass Teile des gewünschten Messsignales herausgefiltert werden. Die örtliche Wellenlänge der zu erwartenden Oberflächenfehler liegen bei typischen Messfrequenzen im Bereich der zeitlichen Wellenlänge des Spiegelrauschens. Eine Filterung könnte so Teile des Messsignals unerwünschterweise entfernen. Da die Amplitude des Spiegelrauschens relativ klein ist, ist es vorzuziehen, diesen Fehleranteil im Ergebnis zu akzeptieren und dafür periodische Oberflächenabweichungen sicher erkennen zu können. Des Weiteren ist eine exakte Frequenzfilterung nicht problemlos möglich, da die zentrale Frequenz des Spiegels erwartungsgemäß einer langzeitlichen Drift unterliegt (siehe Kap. 5.1.2 sowie 5.1.3). Für den Betrieb müsste die Frequenzanalyse regelmäßig wiederholt werden, was nach derzeitiger Abschätzung unvorteilhaft wäre, da dies Eingriff von Seiten des Benutzers erfordert um eine Referenzmessung durchführen zu können. Von einer Frequenzfilterung wird daher Abstand genommen.

Kapitel 6

Verifikation des Modells

In diesem Kapitel werden die in den vorigen Kapiteln getroffenen Vorhersagen und gesuchten Beschreibungsmodelle für die Komponenten und die Kalibrierstrategie näher untersucht und bewertet.

6.1 Einfluss der Spiegel

In Kapitel 5 wurden die Fehlereinflüsse und das Fehlerverhalten der Spiegel beschrieben und Vorhersagen getroffen, welche in diesem Kapitel verifiziert werden. Dazu werden jeweils 30 Referenzmessungen simuliert, welche anschließend mit den Vorhersagen verglichen werden um eine Aussage über die Korrektheit der Vorhersagen treffen zu können. Darüber hinaus wird der Rauscheinfluss mit den vorherigen Abschätzungen abgeglichen und der Einfluss auf die finale Messung abgeschätzt.

6.1.1 Tauchspulenspiegel

Zur Überprüfung der Modellbildung wird ein Vergleich der Vorhersagen des Modells mit realen Daten herangezogen. Dazu werden Längendaten mit dem Interferometer in einem Strahlengang mit der bzw. den zu untersuchenden Objekten aufgenommen.

Eine solche Messung für den Tauchspulenspiegel ist in Abbildung 6.1 zu sehen. Aufgrund der nicht-deterministischen Natur des Rauschens sowie der Modellierung wird ein visueller Vergleich durchgeführt, welcher unter anderem anhand des gezeigten Beispiels positiv bewertet wird.

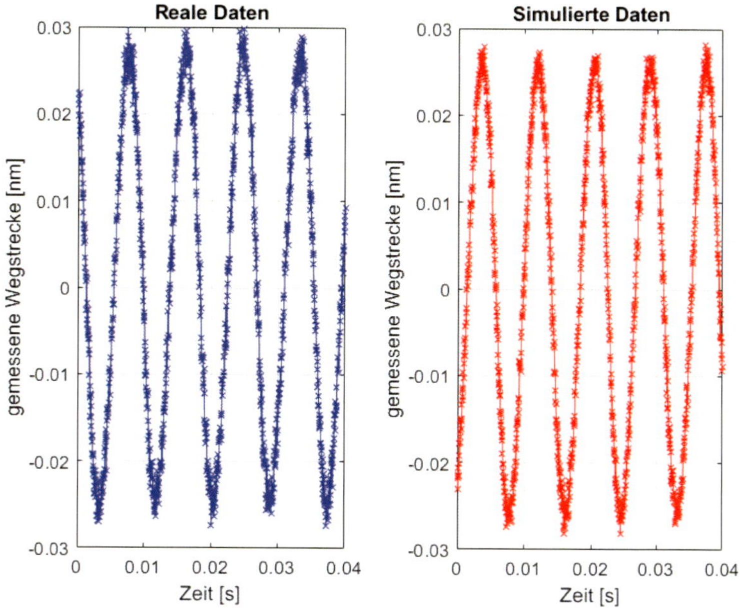

Abbildung 6.1: Exemplarischer Vergleich zwischen real gemessenen Daten mit Rauschen sowie für die Modellbildung simulierten Rauschdaten

Amplitude und Frequenz stimmen in beiden Fällen überein. Die Modellierung des Rauschens wird somit als repräsentativ eingestuft.

6.1.2 Piezospiegel

Die Überprüfung des Piezospiegels findet analog zu der des Tauchspulenspiegels statt und liefert ebenfalls das Ergebnis, dass die Modellierung das Spiegelverhalten korrekt wiedergibt.

6.2 Überprüfung der Kalibrierstrategie

In Kapitel 4.7 wurde eine Kalibrierstrategie beschrieben, welche die mechanischen Fehlpositionierungen bei der Realisierung des Aufbaus kompensieren kann. Zur Überprüfung der Kalibrierstrategie und der Vorgehens bei der Kalibrierung kann die Selbstjustage für verschiedene Fehlstellungen getestet werden. Die Ausgangssituation ist bereits in Kapitel 5.4 dargestellt. Der Aufbau befindet sich in einer ungewissen Vorkonfiguration, in der die Komponenten nicht exakt die Position haben, welche in der Konfiguration der Steuerungssoftware hinterlegt wurden. Davon ausgehend werden verschiedene Ausgangszustände hergestellt und diese anschließend mit Hilfe der entwickelten Algorithmik untersucht. Dabei wird ein zufälliger Zustand in allen Komponentenfreiheitsgraden hergestellt und diese Konfiguration an den Kalibrieralgorithmus überspielt. Dieser ermittelt aus der Ablenkung des rücklaufenden Strahls die Fehlstellung und sucht eine Variation der internen Konfiguration, welche die vorliegende Konfiguration besser beschreibt und damit den Fehler reduziert. Dieser Vorgang wird mehrfach wiederholt, bis das Abbruchkriterium erreicht ist.

Für die Optimierung muss ein Güteparameter gefunden werden, welcher zum einen der Messung zugänglich und zum anderen eine gute Grundlage für die Iteration bietet. Dieser Güteparameter muss ein Skalar sein, welcher die Güte des aktuellen Justagezustandes repräsentiert.

Hier bietet sich z.B. die euklidische Norm des lateralen Versatzes des rücklaufenden Laserstrahls in der Detektorebene des Interferometers an. Gemäß Definition in Kapitel 4.2 ist dies der Strahlversatz des rücklaufenden Lichtes in der y-z-Ebene. Wenn die Sollkoordinaten des Strahls bei Position i dabei $y_{i,Soll}$ und $z_{i,Soll}$ sind, und die Istkoordinaten $y_{i,Ist}$ und $z_{i,Ist}$, so kann der Fehler F_i für Position i bestimmt werden als

$$F_i = \sqrt{(y_{i,Soll} - y_{i,Ist})^2 + (z_{i,Soll} - z_{i,Ist})^2} = \sqrt{\Delta y^2 + \Delta z^2} \tag{6.1}$$

Diese Norm wird für verschiedene Positionen im Scanbereich ausgewertet. Um daraus einen Parameter für die Bewertung zu gewinnen werden der Mittelwert sowie der maximale Wert von den vorhandenen Werten in Betracht gezogen.

$$\text{Fehler gesamt, Maximalwertstragie} = \text{Maximum}(F_1, F_2, \ldots, F_N) \tag{6.2}$$

$$\text{Fehler gesamt, Mittelwertstragie} = \sum_{i=1}^{N} F_i \tag{6.3}$$

Die Ergebnisse eines solchen Kalibrierlaufs sind in Abbildung 6.2 gezeigt, einmal unter Verwendung des Maximalwerts (oben), einmal unter Verwendung der Mittelwertbildung (unten).

Aus der Abbildung wird deutlich, dass die Verwendung des Mittelwertes eine deutlich stärkere Verbesserung bis zu drei Größenordnungen zur Folge hat, während die Maximalwertstrategie maximal eine Verbesserung um zwei Größenordnungen erreichen kann. Die absolute Skala des Güteparameters ist dabei nicht entscheidend, da diese willkürlich definiert ist.

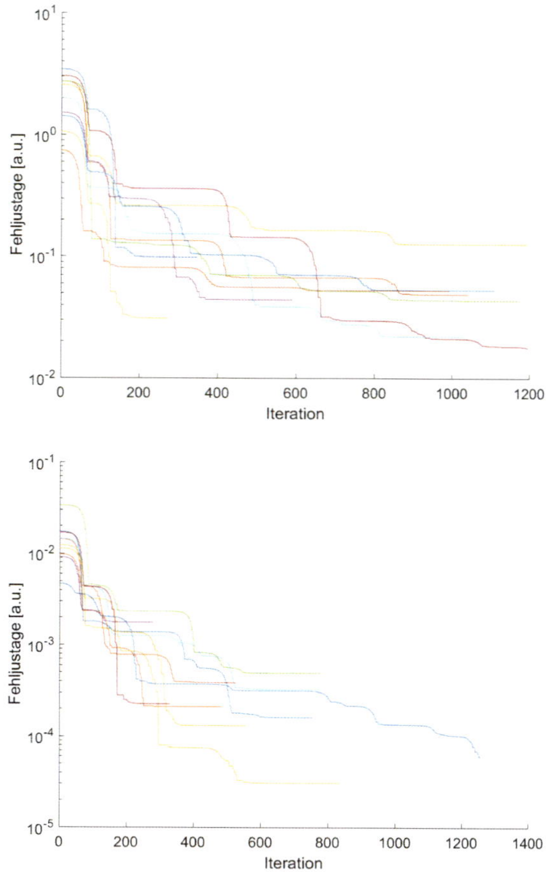

Abbildung 6.2: Verlaufskurve der Selbstkalibrierung für einige Fehlstellungen (logarithmische Darstellung in der Ordinatenachse). Die unterschiedliche farbigen Kurven geben unterschiedliche Startkonfigurationen wieder. In der oberen Abbildung wurde jeweils das Maximum der euklidischen Normen verwendet, in der unteren Abbildung der Mittelwert. Gut ersichtlich sind sprunghafte Verbesserungen, wenn kritische Fehlstellungsparameter verbessert werden. Insgesamt führt die Verwendung des Mittelwertes zu einer insgesamt deutlich stärkeren Verbesserung der Dejustage als die Maximumstrategie.

Daran schließt sich die Frage an, ob diese Herangehensweise noch verbessert werden kann. Eine Möglichkeit ist, die Bestimmung der Fehlstellung zu erweitern, indem durch erhöhten Aufwand zusätzlich zur lateralen Fehlstellung die vektorielle Fehlstellung ermittelt wird. Dies ist z.B. möglich durch einen Wellenfrontsensor oder zweifache Teilung des rücklaufenden Strahls in verschiedenen Abständen und Bestimmung des Unterschiedes. Zur Beantwortung dieser Frage wird eine weitere Versuchsreihe simuliert, in der der Optimierungsalgorithmus in der Lage ist, ebenfalls die vektorielle Fehlstellung zu erfassen und zu berücksichtigen. Diese vektorielle Fehlstellung wird analog zur Koordinatenabweichung mit $\Delta v_y = v_{y,i,Soll} - v_{y_i,Ist}$ bzw. $\Delta v_z = v_{z,i,Soll} - v_{z_i,Ist}$ berechnet.

Die Fehlstellung F_i kann dann definiert werden als

$$F_i = \sqrt{\Delta y^2 + \Delta z^2} + w_{vec} \cdot \sqrt{\Delta v_y^2 + \Delta v_z^2} \tag{6.4}$$

wobei w_{vec} eine Gewichtungsfaktor ist, welcher notwendig ist, da die vektorielle Fehlstellung in Absolutwerten deutlich kleiner ausfällt als die Koordinatenabweichung. Sinnvolle Werte hängen stark von der gewählten Basiseinheit ab, z.B. ob die Fehlstellung als Abweichungsvektor in Koordinaten oder Winkel angegeben wird und werden hier zwischen 10 und 1000 für den Abweichungsvektor gewählt.

Die Ergebnisse dieser Strategie sind in Abbildung 6.3 für zwei verschiedene Gewichtungen w_{vec} gezeigt.

Die Grafik zeigt, dass durch den Mehrgehalt an Information, der so zur Verfügung steht, kein Mehrwert in der Ausrichtung entsteht, da die Ergebnisse denen aus Abbildung 6.2 nahezu identisch sind. Dies kann damit erklärt werden, dass die vektorielle Fehlstellung ebenfalls eine Koordinatenfehlstellung zur Folge hat, weil der fehlgestellte Lichtstrahl durch den gesamten Aufbau durchpropagiert, bevor er den Detektionsort erreicht. Damit beinhaltet eine Erfassung der Koordinatenfehlstellung implizit bereits die vektorielle Fehlstellung und eine vektorielle Fehlstellung wird direkt über eine Koordinatenfehlstellung erkannt.

Eine Ausweitung der Erfassung der Fehlstellung bringt also keinen Mehrwert und dieser Mehraufwand ist daher nicht sinnvoll.

Resultat dieser Untersuchung ist, dass der vorgeschlagene Algorithmus zur Selbstkalibrierung in der beschriebenen Methodik fähig ist iterativ die justagebedingten Abweichungen zu minimieren.

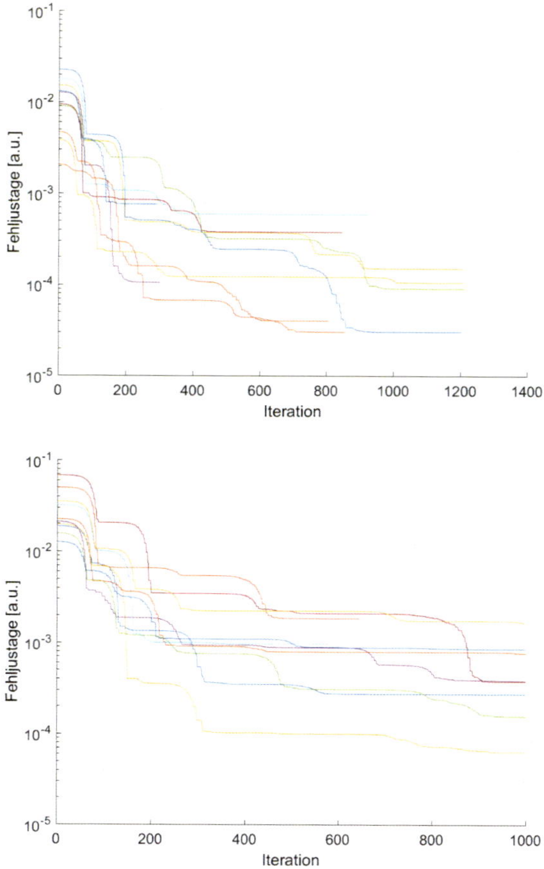

Abbildung 6.3: Gegenüberstellung der Ergebnisse für verschiedene Gewichtungen w_{vec}. Obere Abbildung: $w_{vec} = 10$, untere Abbildung: $w_{vec} = 1000$.

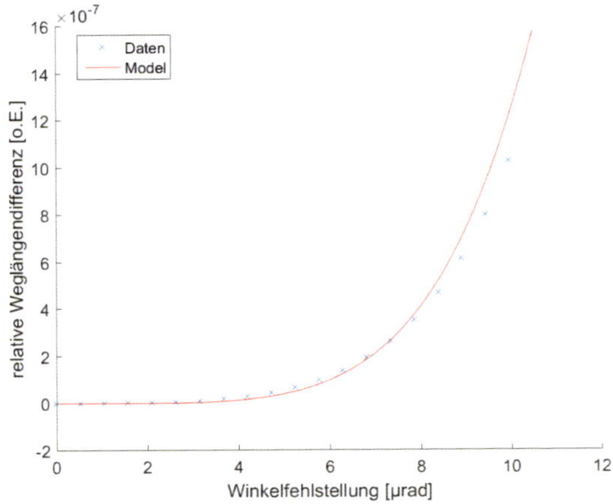

Abbildung 6.4: Einfluss der Winkelfehlstellung eines Spiegels auf die gemessene Weglänge am Interferometer

6.3 Fehler-Modell

Zur Überprüfung des Modells aus Kapitel 5.3.3 muss der Zusammenhang gemäß Gleichung 5.12 verifiziert werden. Dazu wird eine Variation des ersten Spiegels vorgenommen, dessen Fehlstellung anschließend durch den Aufbau propagiert wird. Diese Winkelfehlstellung sollte nach der Vorhersage eine Abweichung korrespondierend mit der fünften Potenz der Abweichung nach sich ziehen. Das Ergebnis dieser Überprüfung ist in Abb. 6.4 gezeigt. Gezeigt ist die gemessene Weglängendifferenz sowie die Modellierung mit einem Polynom fünften Grades.

Wie der Grafik entnommen werden kann, ist die Korrelation sehr gut bis zu einer Fehlstellung von kleiner $8\,\mu\mathrm{rad}$, ab welcher die Daten von der Vorhersage abweichen. Wird die Fehlstellung zu groß, ist dies der Punkt, an dem die Näherung aus Kapitel 5.3 ihre Gültigkeit verliert. Allerdings geht dies mit der Tatsache einher, dass eine Messung mit einem realen Aufbau dann nicht mehr möglich ist, da der Strahl dann entweder den zweiten Spiegel für die Rückreflexion nicht mehr trifft oder zu stark angewinkelt in das Interferometer einfällt, so dass das Interferometer keine Messung mehr ausführen kann. Die Grenzwerte für lateralen Versatz bzw. dessen Winkelverkippung liegen bei $1\,\mathrm{mm}$ bzw. $1{,}2\,\mathrm{mrad}$ (siehe Beschreibung des Interferometers in Kapitel 4.3.2) und liegen damit unter der Grenze, wo die Näherung ihre Gültigkeit verliert.

Insgesamt stimmt die Vorhersage des Modells mit den Betrachtungen des Aufbaus überein und das Modell kann für den genutzten Bereich als gültig angenommen werden.

Kapitel 7

Validierung des Aufbaus

Nachdem in Kapitel 6 die Annahmen über die Einzelkomponenten verifiziert wurden, wird nun das Gesamtmodell validiert und seine Eigenschaften mit den Anforderungen aus Kapitel 3 verglichen.

Für den Vergleich werden Asphären herangezogen, welche im Rahmen des HLEM – High Level Expert Meeting, eine Konferenz zur Metrologie von Optiken – als geeignete Demonstratoren und repräsentativ für aktuelle Asphären definiert werden. Diese werden im folgenden Kapitel vorgestellt.

7.1 Vergleichsobjekte

Die Asphären, im Folgenden HLEM1 und HLEM2 genannt, können mit folgenden Parametern gemäß Definition in Kapitel 2.1 beschrieben werden:

Diese Asphären stellen einen repräsentativen Querschnitt von typischen Asphären dar, welche für den Test von Messsystemen geeignet sind. Sie sind in Abbildung 7.1 schematisch gezeigt. Insbesondere HLEM 2 weist ein hohes Öffnungsverhältnis auf und gehört damit zu den schwierig zu vermessenden Asphärentypen (siehe Kapitel 2.1).

Außerdem kommt eine Referenzsphäre mit einem Radius von $r = 20\,\text{mm}$ zum Einsatz.

Parameter	HLEM1	HLEM2
r	53.31163305	32.322
k	-2.415512666	$-9.2582 \cdot 10^{-2}$
d	55.000	61.990
a_4	$1.540345019 \cdot 10^{-06}$	$1.851391 \cdot 10^{-06}$
a_6	$-2.712142074 \cdot 10^{-10}$	$-6.673651 \cdot 10^{-10}$
a_8	$7.515515985 \cdot 10^{-14}$	$-5.226474 \cdot 10^{-12}$
a_{10}	$-1.513203411 \cdot 10^{-17}$	$2.580481 \cdot 10^{-15}$

Tabelle 7.1: Parameter der HLEM-Asphären 1 und 2

Abbildung 7.1: Proportionstreue Skizze der beiden HLEM-Asphären 1 (links) und 2 (rechts)

7.2 Erkennung von Formfehlern

Die zentrale Aufgabe, die der Aufbau zu erfüllen hat, ist die Erfassung von Abweichungen im Bereich Form und Welligkeit (siehe Kap. 3.7).

Um die Eignung und Wirksamkeit des Messsystems für diese Aufgabe darzulegen werden in der Simulation, welche im vorigen Kapitel verifiziert wurde, Oberflächenabweichungen in die Prüflinge eingebracht und die Auswirkungen auf die Messung sowie die gemessenen Ergebnisse erfasst.

Untersucht wird eine Reihe von unterschiedlichen Fehlerformen. Diese sollen typische Fehler repräsentieren, wie sie auf einer gefertigten Oberfläche auftreten.

Die erste Abweichung existiert in Form einer Erhebung auf der Oberfläche, bezeichnet als „Einzelne Welle“. Die zweite Abweichung ist eine stetig ansteigende Abweichung der Oberfläche zum Rand des Prüflings hin, genannt „Zunehmende Abweichung“. Als dritte Abweichung wird eine Kombination aus Fehlern in beide Richtungen angenommen, bezeichnet mit „Doppelte Welle“ und schließlich als vierte und letzte Form eine wellenartige Abweichung, genannt „Kontinuierliche Welle“. Die Betrachtung erstreckt sich auf diese Fehler auf den beiden Referenz-Asphären HLEM1 und HLEM2. Die Formabweichungen sind in den Abbildungen 7.2, 7.3, 7.5 und 7.4 für die Asphäre HLEM 1 dargestellt.

Anhand dieser Fehler werden für die beiden Referenzasphären Vergleichsmessungen aufbauend auf den Ergebnissen von Kapitel 4, 5 und 6 simuliert und ausgewertet.

Die Fehler werden in unterschiedlich starken Ausprägungen betrachtet. Die Fehler in ihren Ausprägungen sind in Abbildungen 7.2, 7.3, 7.4, 7.5 für die Asphäre HLEM 1, und in Abbildung 7.6, 7.7, 7.8, 7.9 für die Asphäre HLEM 2 dargestellt. In rot gezeichnet ist die wahre Abweichung, in blau gezeichnet ist die gemessene Abweichung gemäß Auswertung wie beschrieben in Kapitel 4.6. Die Formfehler sind jeweils so gewählt, dass der maximale Fehler bei ca. $50\,\mu m$ liegt.

Anhand dieser Messungen werden Kennwerte für die Qualität der Messung ermittelt. Der Messfehler stellt sich als Abweichung zwischen gemessener Abweichung vom Ideal-Profil und der tatsächlichen vorliegenden Abweichung dar (vgl. Kapitel 3.4). Von diesem Messfehler wird der Maximalwert einer Messreihe als Absolutfehler ermittelt, der arithmetische Mittelwert, die Standardabweichung von diesem Mittelwert als Maß für die Streuung sowie der maximal vorliegende Formfehler der betrachteten Abweichung. Zusätzlich wird der Quotient aus Messfehler und tatsächlicher Abweichung ermittelt als Maß für den relativen Fehler einer Messung.

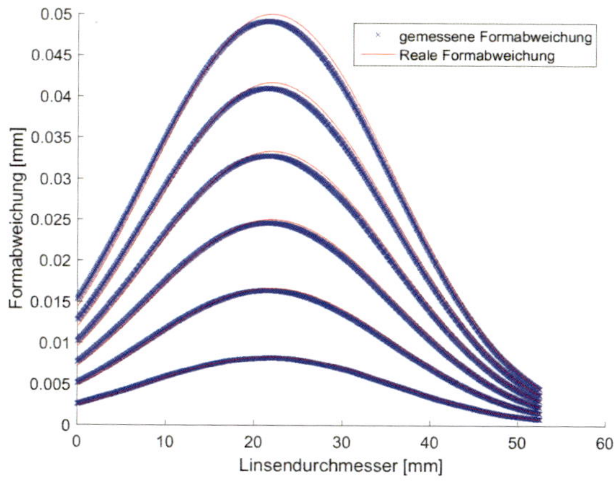

Abbildung 7.2: Fehlerbild: Einzelne Welle für HLEM1, rot: reale Abweichung, blau: gemessene Abweichung

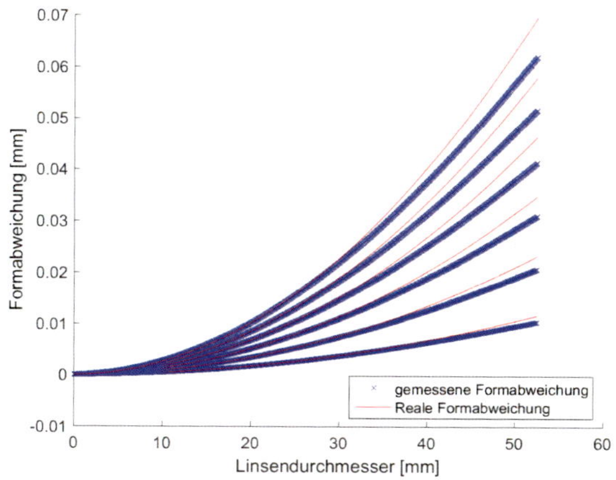

Abbildung 7.3: Fehlerbild: Wachsende Abweichung zum Rand für HLEM1, rot: reale Abweichung, blau: gemessene Abweichung

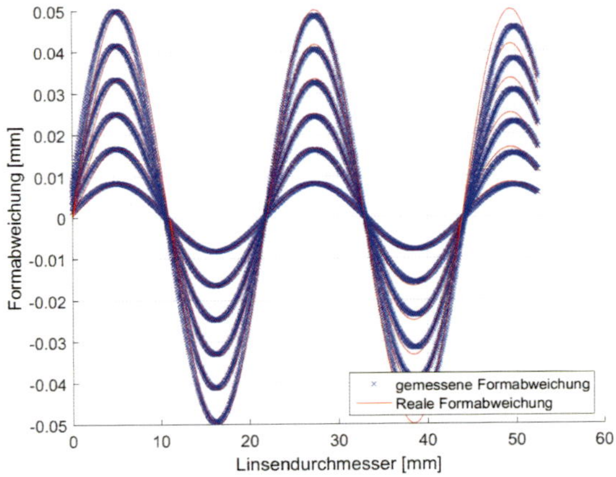

Abbildung 7.4: Fehlerbild: Sinusabweichung für HLEM1, rot: reale Abweichung, blau: gemessene Abweichung

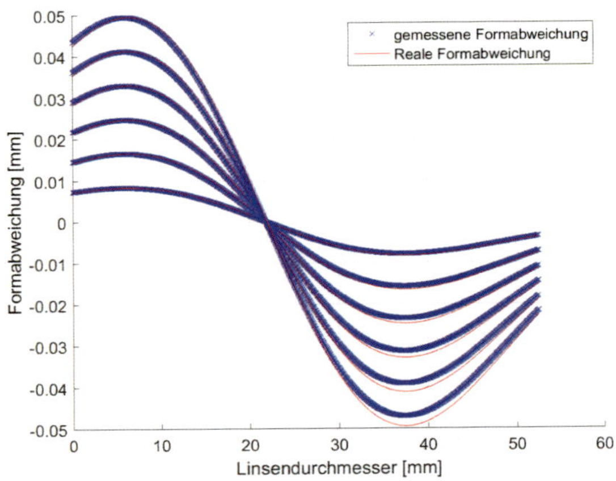

Abbildung 7.5: Fehlerbild: Zweifache Welle für HLEM1, rot: reale Abweichung, blau: gemessene Abweichung

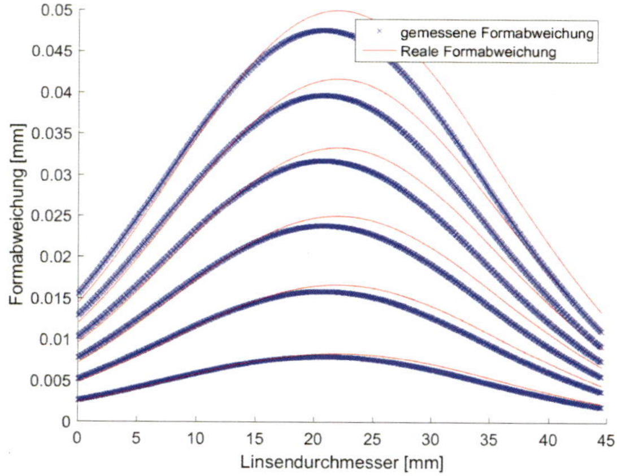

Abbildung 7.6: Fehlerbild: Einzelne Welle für HLEM2, rot: reale Abweichung, blau: gemessene Abweichung

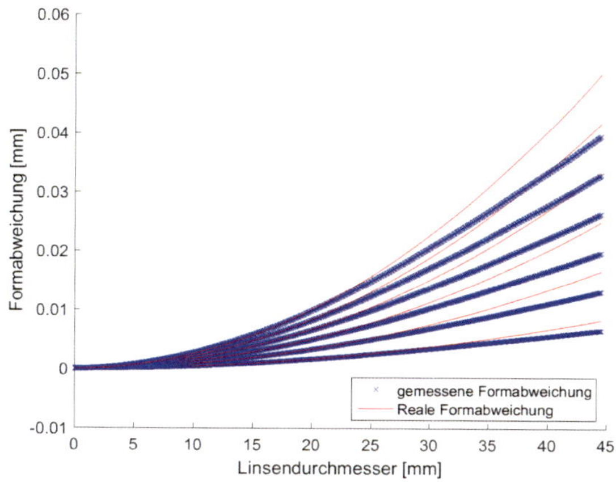

Abbildung 7.7: Fehlerbild: Wachsende Abweichung zum Rand für HLEM2, rot: reale Abweichung, blau: gemessene Abweichung

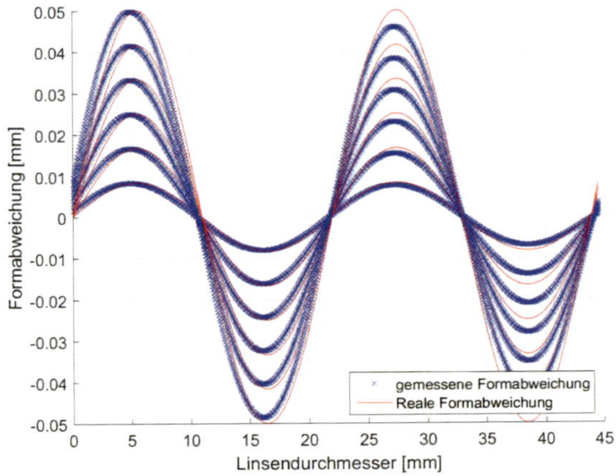

Abbildung 7.8: Fehlerbild: Sinusabweichung für HLEM2, rot: reale Abweichung, blau: gemessene Abweichung

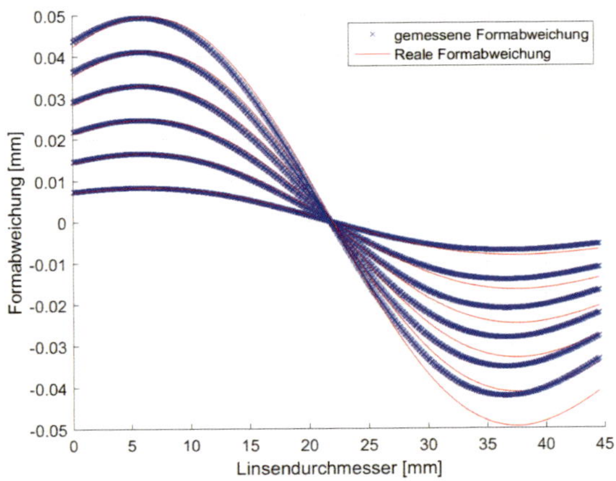

Abbildung 7.9: Fehlerbild: Zweifache Welle für HLEM2, rot: reale Abweichung, blau: gemessene Abweichung

	Max. Abw. [µm]	Mittlere Abw. [µm]	Std.abw. [µm]	Max. Formfehler [µm]	Max. rel. Abw.
Einzelne Welle					
1	0.232	0.118	0.067	8.332	0.028
2	0.433	0.238	0.125	16.664	0.026
3	0.644	0.356	0.189	24.996	0.026
4	0.862	0.475	0.253	33.328	0.026
5	1.063	0.594	0.313	41.660	0.026
6	1.283	0.712	0.378	49.992	0.026
Zunehmende Abweichung					
1	1.280	0.266	0.348	11.610	0.110
2	2.545	0.532	0.693	23.220	0.110
3	3.831	0.797	1.041	34.830	0.110
4	5.087	1.064	1.387	46.440	0.110
5	6.381	1.328	1.734	58.050	0.110
6	7.652	1.593	2.080	69.660	0.110
Kontinuierliche Welle					
1	1.299	0.443	0.320	8.333	0.156
2	2.619	0.883	0.643	16.667	0.157
3	3.913	1.327	0.962	25.000	0.157
4	5.211	1.770	1.283	33.333	0.156
5	6.512	2.213	1.602	41.667	0.156
6	7.817	2.655	1.923	50.000	0.156
Doppelte Welle					
1	0.423	0.212	0.123	8.253	0.051
2	0.841	0.425	0.247	16.506	0.051
3	1.248	0.637	0.372	24.759	0.050
4	1.654	0.849	0.496	33.012	0.050
5	2.075	1.061	0.620	41.265	0.050
6	2.496	1.274	0.743	49.518	0.050

Tabelle 7.2: Werte für HLEM1, Max. Abw.: Maximale Abweichung zwischen gemessenem Fehler und realem Fehler, Mittlere Abw.: Mittlere Abweichung zwischen gemessenem Fehler und realem Fehler, Std.abw.: Statistische Standardabweichung der Abweichung zwischen gemessener Formabweichung und realer Abweichung, Max. Formfehler: Maximale Abweichung des realen Fehlers von der Idealform, Max. rel. Abw.: Maximaler Wert des Quotienten aus Abweichung und realem Fehler

	Max. Abw. [µm]	Mittlere Abw. [µm]	Std.abw. [µm]	Max. Formfehler [µm]	Max. rel. Abw.
Einzelne Welle					
1	0.703	0.381	0.236	8.332	0.084
2	1.418	0.764	0.468	16.664	0.085
3	2.106	1.144	0.705	24.996	0.084
4	2.820	1.526	0.938	33.328	0.085
5	3.505	1.906	1.172	41.660	0.084
6	4.200	2.287	1.407	49.992	0.084
Zunehmende Abweichung					
1	1.754	0.358	0.480	8.342	0.210
2	3.511	0.717	0.961	16.685	0.210
3	5.255	1.074	1.441	25.027	0.210
4	6.998	1.432	1.921	33.370	0.210
5	8.741	1.788	2.400	41.712	0.210
6	10.495	2.146	2.879	50.054	0.210
Kontinuierliche Welle					
1	1.468	0.617	0.365	8.333	0.176
2	2.924	1.235	0.730	16.667	0.175
3	4.394	1.854	1.094	25.000	0.176
4	5.862	2.471	1.461	33.333	0.176
5	7.320	3.088	1.826	41.667	0.176
6	8.780	3.705	2.192	50.000	0.176
Doppelte Welle					
1	1.347	0.507	0.463	8.253	0.163
2	2.699	1.016	0.926	16.506	0.164
3	4.062	1.527	1.388	24.759	0.164
4	5.411	2.034	1.853	33.012	0.164
5	6.765	2.543	2.316	41.265	0.164
6	8.118	3.052	2.781	49.518	0.164

Tabelle 7.3: Werte für HLEM2, detaillierte Beschreibung siehe Tabelle 7.2

In den Tabellen 7.2 und 7.3 sind die Resultate der Messungen für die beiden Asphären HLEM1 bzw. HLEM2 gezeigt, jeweils für die vier unterschiedlichen Formfehlerarten.

Eine Betrachtung der Fehler liefert zunächst eine wichtige Beobachtung. Die absolute Abweichung in der Messung skaliert mit dem vorhandenen Fehler. Dies bedeutet, dass eine Angabe des Fehlers deutlich schwieriger ist als bei klassischen Verfahren, die häufig eine sehr große statische Fehlerkomponente aufweisen sowie einen kleinen größenabhängigen Anteil. Das hier untersuchte Messsystem hat einen sehr großen Anteil abhängig von der gemessenen Größe.

Der relative Fehler liegt im Bereich von 2.5% bis zu maximal 20%. Dies ist im Vergleich mit anderen Verfahren (vergleiche 3.5) ein hoher Wert, der allerdings für die wiederholte Messung bei einer iterativen Fertigung (siehe Kapitel 2) mit kleiner werdendem Fehler ebenfalls abnimmt. Für den Einsatz in der Fertigung ist das System damit geeignet, auch wenn es einen untypisch hohen größenabhängigen Anteil aufweist.

Des Weiteren ist ersichtlich, dass die Fehler bei der Vermessung bei der Asphäre HLEM2 größer ausfallen als die bei HLEM1. Dies ist auf die stärkere Flankenneigung bzw. das größere Öffnungsverhältnis der HLEM2 zurückzuführen, welches eine stärkere Abweichung von der sphärischen Grundform nach sich zieht und damit die Abweichung bei der Reflexion vom idealen Pfad bedeutet.

7.3 Fazit und Bewertung des Konzeptes

An dieser Stelle wird der Vergleich mit den Anforderungen aus Kapitel 4.1 gezogen um die Bewertung des Messsystemkonzeptes abzuschließen. Die erste Anforderung ist die Fähigkeit zur Messung von Form und Welligkeit, welche nach den oben stehenden Betrachtungen klar gewährleistet ist. Die Unsicherheit des Messsystems äußert sich nach den Betrachtungen oben in einer Ausprägung, welche stark vom Basiswert des Fehlers abhängt, die kleinsten erkennbaren Abweichungen liegen deutlich unter $1\,\mu m$. Die reine Messzeit liegt bei ca. 5 bis 10 Sekunden für eine Messung. Auch bei Mehrfachmessung und unter Berücksichtigung der Einrichtezeit kann eine Messzeit von unter $10\,\mathrm{min}$ beibehalten werden. Anhand der Asphären HLEM1 und HLEM2 ist gezeigt, dass verschiedene Asphärentypen ohne zusätzliche Hardware vermessen werden können. Die (Hardware-)Kosten des Systems für eine Kleinserien-Fertigung werden auf bis etwa 45.000 Euro geschätzt. Davon entfallen ca. 20.000 Euro auf das Interferometer, je 5.000 bzw. 10.000 Euro auf die Spiegel und sowie 10.000 Euro für den ellipsoiden Spiegel und die mechanischen Hilfskomponenten. Im Falle einer Erhöhung der Stückzahl ist erfahrungsgemäß mit einer Reduktion der Materialkosten um ca. 20 % zu rechnen. Bei einer angenommenen Marge von 100 % bedeutet dies einen Systempreis von max. 90.000 Euro und liegt damit deutlich unter den Preisen für konkurrierende Systeme.

	Messzeit	Preis	Auflösung	mögl. Geometrien	Flexibilität
Taktile Messung	-	0	+	Freiform	+
Formprüfinterf.	+	0	+	Sphäre, Ebene	-
Formprüfinterf. mit CGH	+	-	+	Asph., leichte Freiform	-
Interf. mit Nachführung	0	-	0	Freiform	+
Tilted-Wave Interf.	+	-	+	Asph., leichte Freiform	0
Deflektometrie	0	0	0	Freiform	0
Wellenfrontmesstechnik	+	0	0	Freiform	0
Scannende Messung	+	+	0	Asphäre	+

Tabelle 7.4: Vergleich der Verfahren für die Prüfung von Asphären, ergänzt um die Bewertung des hier vorgestellten Messverfahrens der scannenden Messung; $+$: positiv bewertet, 0: durchschnittlich bewertet, $-$: negativ bewertet

In Tabelle 7.4 ist die Bewertung des in dieser Arbeit vorgestellten Verfahrens im Vergleich zu den in Kapitel 3.6.6 etablierten Verfahren gezeigt.

Das Messsystem erfüllt die gestellten Anforderungen und leistet eine Weiterentwicklung des Stands der Technik, indem es die Palette der verfügbaren Messverfahren erweitert, die für die Vermessung asphärischer Oberflächen angewendet werden kann.

Kapitel 8

Zusammenfassung und Ausblick

Asphärische optische Bauteile bieten gegenüber klassischen sphärischen Bauteilen reduzierte Wellenfrontfehler und eine Reduktion von Spotgrößen im Fokus, was kompaktere und leichtere optische Gerätschaften ermöglicht. Die etablierten Fertigungsverfahren benötigen Messverfahren zur Überprüfung der Bauteilgeometrie begleitend zur Produktion, welche für den wirtschaftlichen Betrieb flexibel einsetzbar sein müssen und nicht auf einzelne Geometrien festgelegt sein dürfen. Die aktuell verfügbaren Messverfahren können diese Anforderung nicht vollständig und nur mit hohem finanziellen Aufwand, einer potentiellen mechanischen Beschädigung des Bauteils oder langen Messzeiten decken, so dass der Bedarf nach einem neuen flexiblen Messverfahren besteht, welches diese Lücke schließt. Von diesem Bedarf der Praxis ausgehend wurde im Rahmen dieser Arbeit ein neuer Ansatz zur flexiblen Messung von Asphären entwickelt und vorgestellt.

Als Grundlage für die wissenschaftliche Behandlung der Problemstellung und der Erarbeitung eines Beschreibungsmodells für das neue Messverfahren kam die Forschungsmethodik nach Ulrich zum Einsatz. Zunächst wurden die existierenden Verfahren vorgestellt und bewertet. Anschließend wurden die Anforderungen an ein neues interferometrisches Messsystem, welches die Lücke in den existierenden Verfahren schließt, abgeleitet. Zusammen mit der Betrachtung der Beschreibung von Asphären wurden die Grundlagen für die weitere Beschreibung des Verfahrens gelegt. Die etablierte Beschreibungsform durch die Asphärengleichung mit den zugehörigen Asphärenparametern wurde eingeführt. Anschließend wurden die Grundlagen der geometrischen Optik und der Interferometrie behandelt, welche beide eine wesentliche Rolle bei der Beschreibung und Durchführung der Messungen mit dem konzipiertem Messsystem spielen. Interferometrie ist das zugrunde liegende Messverfahren mit dem die Geometrieinformationen des zu untersuchenden Bauteils erfasst werden. Die geometrische Optik stellt die Grundlage für die Strahlverfolgung aller Lichtwege durch den Aufbau und wird umfassend sowohl für die Auslegung als auch für die Steuerung des Messsystem genutzt. Darauf aufbauend wurde das Konzept des elliptischen Aufbaus detailliert beschrieben sowie die Wahl der Komponenten erläutert. Die zusätzlich notwendigen Arbeiten für die Steuerung der aktiven Komponenten, insbesondere der Spiegel wurde dargelegt und anschließend das Prinzip der Datenauswertung erarbeitet, woraus die gewünschte Information über die Topographie der Oberfläche erhalten werden kann. Auf Basis der Wirkzusammenhänge zwischen den Komponenten und der Systemparameter wurden daraus die Fehlereinflüsse abgeleitet, die für das vorgestellte Messsystem die wesentliche Rolle spielen, sowie die Beschreibung der Fehlereinflüsse für die Zwecke einer numerischen Simulation erarbeitet. Anhand dieser Informationen wurde eine Kalibrierstrategie vorgestellt, die ein Arbeiten mit den Aufbau ermöglicht. Für die Validierung der entwickelten Modelle wurde ein Versuchsaufbau beschrieben, durch welchen das Konzept des Messaufbaus in der Praxis gezeigt und die Verifikation der erarbeiteten Fehlermodelle und der Kalibrierstrategie geleistet wird. Abschließend konnte eine Verifikation dieser erarbeiteten Fehlermodelle stattfinden sowie eine abschließende Validierung des Aufbaus. Die finale Überprüfung und Gegenüberstellung mit den Anforderungen zeigt, dass das erarbeitete Messsystemkonzept die eingangs gestellten Anforderungen erfüllt.

Die Ergebnisse dieser Arbeit zeigen, dass eine flexible Vermessung asphärischer Oberflächen mit scannenden Verfahren möglich ist, wenn auch mit geringerer Messauflösung als die Mehrzahl der aktuellen Systeme. Die Auflösung reicht für die sichere Erfassung der Geometrie und somit für den Einsatz im Fertigungsumfeld.

Die eingangs gestellte Forschungsfrage nach der Erfassbarkeit optischer Oberflächen (siehe Kap. 1)

Können Form und Welligkeit einer Asphäre mit einem scannenden, flexiblen System erfasst werden?

kann abschließend bejaht werden. Die Anforderungen im Bereich Flexibilität, Preis, Geschwindigkeit und Unsicherheit werden erfüllt. Eine Vermessung ist mit dem vorgestellten Verfahren möglich und liefert Ergebnisse, welche im Fertigungsprozess unterstützend zum Einsatz kommen können.

Für eine optimierte Version des Aufbaus ist denkbar den Ellipsenspiegel ca. 20% bis 30% kleiner zu wählen, da so der optische Weg durch den Aufbau reduziert wird. Dies hat insbesondere auf die systematischen Fehlereinflüsse positive Auswirkungen. Wie gezeigt hängt die Unsicherheit direkt von der Unsicherheit der Spiegelpositionierung ab, multipliziert mit der optischen Weglänge des Strahls. Eine Verkürzung des optischen Weges durch den Aufbau wirkt sich direkt eine Reduktion der Messunsicherheit des Systems aus. Darüber hinaus kann das Gesamtsystem auf diese Weise kompakter gebaut werden.

Da erwartungsgemäß in Zukunft günstigere motorisierte Achsen und Plattformen zur Verfügung stehen werden, ist eine Erweiterung des Messsystems durch motorisierte Achsen für die Positionierung des Prüflings sowie der aktiven Spiegelkomponenten denkbar. Dies ermöglicht eine breitere Palette an erfassbaren Geometrien von asphärischen Geometrien.

Der Einsatz flexibler Messverfahren ist Voraussetzung für die Fertigung der Zukunft. Insbesondere vor dem Hintergrund von Industrie 4.0 und Trends wie „Mass Customization“ werden die Anforderung an Fertigungsmesstechnik weiter steigen und maximale Flexibilität erfordern. Das hier vorgestellte System stellt einen Schritt in diese Richtung dar und liefert hierzu einen wichtigen Beitrag im Rahmen der benötigten Messtechnik. Die schnelle Adaption des Messsystems auf abweichende Bauteilgeometrien stellt einen großen Vorteil für die fertigende Industrie dar, welche durch den Einsatz von CNC-gesteuerten Maschinen bei der Fertigung bereits auf eine hohe Flexibilität zurückgreifen kann, welche auf Seiten der begleitenden Messtechnik derzeit nicht verfügbar ist. Der Einsatz flexibler Messverfahren stellt so einen wesentlichen Mehrwert gegenüber dem Stand der Technik dar.

Literaturverzeichnis

[Ben66] BENGT, Edlén: The Refractive Index of Air. In: *Metrologia* 2 (1966), Nr. 2, 71. http://stacks.iop.org/0026-1394/2/i=2/a=002

[Beu14] BEUTLER, Andreas: Comparison of 2D and 3D measurements of aspheres with a tactile and optical sensor on one measuring instrument. In: *Optical Fabrication and Testing* Optical Society of America, 2014

[BIP12] BIPM: *JCGM 200:2012 International vocabulary of metrology - Basic and general concepts and associated terms (VIPM).* 2012

[BP14] BERGER, Gernot ; PETTER, Jürgen: Novel technology for high precision, fast non-contact asphere metrology. In: *tm – Technisches Messen* 81 (2014), Nr. 1. http://dx.doi.org/10.1515/teme-2014-1005. – DOI 10.1515/teme–2014–1005. – ISSN 0171–8096

[Bur94] BURCH, A. Gerrard; J.: *Introduction to Matrix Methods in Optics.* Dover Publications, Inc., 1994

[Car72] CARTER, William H.: Electromagnetic Field of a Gaussian Beam with an Elliptical Cross Section. In: *J. Opt. Soc. Am.* 62 (1972), Nr. 10, S. 1195–1201. http://dx.doi.org/10.1364/JOSA.62.001195. – DOI 10.1364/JOSA.62.001195

[Chr84] CHRISTIANSEN, Hank: *Computer graphics.* Bd. v. 18, no. 3 (July 1984): *SIGGRAPH '84 conference proceedings: July 23-27, 1984, Minneapolis, Minnesota.* New York : Association for Computing Machinery, 1984. – ISBN 9780897911382

[Chr08] CHRISTOF PRUSS, EUGENIO GARBUSI AND WOLFGANG OSTEN: Testing Aspheres. In: *OPN* (2008)

[Cid96] CIDDOR, P. E.: Refractive index of air: new equations for the visible and near infrared. In: *Applied optics* 35 (1996), Nr. 9, S. 1566–1573. http://dx.doi.org/10.1364/AO.35.001566. – DOI 10.1364/AO.35.001566. – ISSN 0003–6935

[CZDL14] CHEN, Shanyong ; ZHAO, Chunyu ; DAI, Yifan ; LI, Shengyi: Reconfigurable optical null based on counter-rotating Zernike plates for test of aspheres. In: *Optics express* 22 (2014), Nr. 2, S. 1381–1386. http://dx.doi.org/10.1364/OE.22.001381. – DOI 10.1364/OE.22.001381. – ISSN 1094–4087

[Dem06] DEMTRÖDER, Wolfgang: *Experimentalphysik 2: Elektrizität und Optik*. 4. Berlin Heidelberg : Springer-Verlag, 2006 (Springer-Lehrbuch). http://dx.doi.org/10.1007/978-3-540-33795-9. – ISBN 9783540337959

[DG08] DUPARRÉ, Angela (Hrsg.) ; GEYL, Roland (Hrsg.): *Optical Systems Design*. SPIE, 2008 (SPIE Proceedings)

[DT85] DANDLIKER, R ; THALMANN, R: Heterodyne and quasi-heterodyne holographic interferometry. In: *Optical Engineering* 24 (1985), Nr. 5, S. 245824

[FB08] FORBES, GW ; BROPHY, CP: Asphere, O Asphere, how shall we describe thee? In: *Proc. SPIE* Bd. 7100, 2008, S. 710002

[For07] FORBES, GW: Shape specification for axially symmetric optical surfaces. In: *Optics express* 15 (2007), Nr. 8, S. 5218–5226

[FSW+14] FORTMEIER, Ines ; STAVRIDIS, Manuel ; WIEGMANN, Axel ; SCHULZ, Michael ; OSTEN, Wolfgang ; ELSTER, Clemens: Analytical Jacobian and its application to tilted-wave interferometry. In: *Optics express* 22 (2014), Nr. 18, S. 21313–21325. http://dx.doi.org/10.1364/OE.22.021313. – DOI 10.1364/OE.22.021313. – ISSN 1094–4087

[FXA+13] F.Z. FANG ; X.D. ZHANG ; A. WECKENMANN ; G.X. ZHANG ; C. EVANS: Manufacturing and measurement of freeform optics. In: *CIRP Annals - Manufacturing Technology* 62 (2013), S. 823–846

[GBK13] GOGLER, Slawomir ; BIESZCZAD, Grzegorz ; KRUPINSKI, Michal: Precision asphere polishing with MRF technology and Subaperture Stitching Interferometry. In: *Photonics Letters of Poland* 5 (2013), Nr. 4. http://dx.doi.org/10.4302/plp.2013.4.03. – DOI 10.4302/plp.2013.4.03. – ISSN 2080–2242

[GBPO09] GARBUSI, Eugenio ; BAER, Goran ; PRUSS, Christof ; OSTEN, Wolfgang: Rapid and flexible measurement of precision aspheres. Version: 2009. http://dx.doi.org/10.1007/978-3-642-03051-2{_}54. In: OSTEN, Wolfgang (Hrsg.) ; KUJAWINSKA, Malgorzata (Hrsg.): *Fringe 2009*. Berlin, Heidelberg : Springer Berlin Heidelberg, 2009. – DOI 10.1007/978–3–642–03051–2_54. – ISBN 978–3–642–03050–5, S. 1–9

[GC03] GEORGE, Nicholas ; CHI, Wanli: Extended depth of field using a logarithmic asphere. In: *Journal of Optics A: Pure and Applied Optics* 5 (2003), Nr. 5

[Gee80] GEE, AE: Optical Fabrication and Testing. In: *OPTICS AND LASER TECHNOLOGY* (1980)

[Gmb11] GMBH, SIOS M.: *Betriebsanleitung Laserinterferometer SIOS SP2000*. 2011

[Gol97] GOLINI, Donald: Improve your image with aspheres. In: *Optics and Photonics News* 8 (1997), Nr. 8, S. 40–45

[GPO08] GARBUSI, Eugenio ; PRUSS, Christof ; OSTEN, Wolfgang: Interferometer for precise and flexible asphere testing. In: *Optics Letters* 33 (2008), Nr. 24, S. 2973. http://dx.doi.org/10.1364/OL.33.002973. – DOI 10.1364/OL.33.002973. – ISSN 0146–9592

[Gre86] GREGORY M. SANGER: Optical Manufacturing, Testing, and Aspheric Optics. In: *Proceedings of SPIE The International Society for Optical Engineering* 645 (1986), April

[GRW04] GEYL, Roland ; RIMMER, David ; WANG, Lingli: Optical Fabrication, Testing, and Metrology. In: *Optical Fabrication, Testing, and Metrology* Bd. 5252, 2004

[GSGW01] GREIVENKAMP, John E. ; SMITH, Daniel G. ; GAPPINGER, Robert O. ; WILLIBY, Gregory A.: Optical testing using Shack-Hartmann wavefront sensors. In: *Proc. SPIE* Bd. 4416, 2001, S. 260–263

[GSP+13] GOCH, Gert ; SCHMITT, Robert ; PATZELT, Stefan ; STÜRWALD, Stephan ; TAUSENDFREUND, Andreas: In-situ and In-process Metrology for Optical Surfaces. In: *Fabrication of Complex Optical Components* (2013), S. 161–178

[Gub10] GUBBELS, Guido: Aspheres and freeforms. In: *Mikroniek* (2010)

[HCK+11] HENSELMANS, R ; CACACE, LA ; KRAMER, GFY ; ROSIELLE, PCJN ; STEINBUCH, M: The NANOMEFOS non-contact measurement machine for freeform optics. In: *Precision Engineering* 35 (2011), Nr. 4, S. 607–624

[HZW05] HAO, Qun ; ZHU, Qiudong ; WANG, Yongtian: Deflectometer with synthetically generated reference circle for aspheric surface testing. In: *Optics & Laser Technology* 37 (2005), Nr. 5, S. 375–380. http://dx.doi.org/10.1016/j.optlastec.2004.05.004. – DOI 10.1016/j.optlastec.2004.05.004. – ISSN 00303992

[int81] INTERFEROMETER, Quantum mechanical noise in a.: Carlton M. Caves. In: *PHYSICAL REVIEW D* 28 (1981), April, Nr. 8

[Jer05] JEREMY GOVIER: Technological advances ease use of aspherics. In: *Laser Focus World* (2005)

[JM08] JEREMY GOVIER ; MARTIN WEINACHT: Manufacturing high-quality aspheres - conventional or in a hybrid process. In: *Photonik* (2008)

[Joh12] JOHANN ZÄNKERT: Optische Freiformflächen - ein Überblick. In: *Photonik* (2012)

[JSWB07] JIANG, X. ; SCOTT, P. J. ; WHITEHOUSE, D. J. ; BLUNT, L.: Paradigm shifts in surface metrology. Part I. Historical philosophy. In: *Proceedings of the Royal Society A: Mathematical, Physical and Engineering Sciences* 463 (2007), Nr. 2085, S. 2049–2070. http://dx.doi.org/10.1098/rspa.2007.1874. – DOI 10.1098/rspa.2007.1874. – ISSN 1364–5021

[Kam05] KAMMEL, Sören: *Schriftenreihe / Institut für Mess- und Regelungstechnik, Universität Karlsruhe (TH)*. Bd. Nr. 004: *Deflektometrische Untersuchung spiegelnd reflektierender Freiformflächen.* Karlsruhe : Univ.-Verl., 2005. – ISBN 9783937300283

[Kam08] KAMINSKI, Jürgen: *Progress in modern optics*. Bd. 25: *Geometrische Rekonstruktion spiegelnder Oberflächen aus deflektometrischen Messdaten.* Erlangen : Lehrst. für Mikrocharakterisierung, Friedrich-Alexander-Univ. Erlangen-Nürnberg, 2008. – ISBN 3932392868

[KDA+13] KLOCKE, Fritz ; DAMBON, Olaf ; ALLEN, Y Y. ; WANG, Fei ; HÜNTEN, Martin ; GEORGIADIS, Kyriakos ; HOLLSTEGGE, Daniel ; DUKWEN, Julia: Process chain for the replication of complex optical glass components. In: *Fabrication of Complex Optical Components.* Springer, 2013, S. 119–132

[Kil02] KILLINGER, Dennis: Free Space Optics: For Laser Communication Through the Air. In: *Optics & Photonics News* (2002)

[KMNT14] KÜNG, Alain ; MELI, Felix ; NICOLET, Anaïs ; THALMANN, Rudolf: Application of a virtual coordinate measuring machine for measurement uncertainty estimation of aspherical lens parameters. In: *Measurement Science and Technology* 25 (2014), Nr. 9, S. 94011. http://dx.doi.org/10.1088/0957-0233/25/9/094011. – DOI 10.1088/0957–0233/25/9/094011. – ISSN 0957–0233

[Kna06] KNAUER, Markus C.: *Progress in modern optics*. Bd. 13: *Absolute Phasenmessende Deflektometrie*. Erlangen : Lehrstuhl für Mikrocharakterisierung, 2006. – ISBN 9783932392696

[KS08] KIONTKE, Sven R. ; STEINKOPF, Ralf: Aspherical manufacturing in terms of accuracy, efficiency, and surface forms based on practical experiences. In: *Proc SPIE* Bd. 7102, 2008, S. 71020D–71020D

[Kum05a] KUMLER, Jay: Designing and Specifying aspheres for Manufacturability. In: *Proc. SPIE* Bd. 5874, 2005, S. 121–129

[Kum05b] KUMLER, Jay: Designing and specifying aspheres for manufacturability. In: MOUROULIS, Pantazis Z. (Hrsg.) ; SMITH, Warren J. (Hrsg.) ; JOHNSON, R. B. (Hrsg.): *Optics & Photonics 2005*, SPIE, 2005 (SPIE Proceedings), S. 58740C–58740C–9

[KXS+10] KANG, Guoguo ; XIE, Jinghui ; SU, Ping ; TAN, Qiaofeng ; JIN, Guofan: Null test of aspheric surface based on digital phase-shift interferometer. In: *Optik - International Journal for Light and Electron Optics* 121 (2010), Nr. 17, S. 1586–1590. http://dx.doi.org/10.1016/j.ijleo.2009.03.007. – DOI 10.1016/j.ijleo.2009.03.007. – ISSN 00304026

[Lui12] LUIGI COCCO: *Modern Metrology Concerns*. INTECH Open Access Publisher, 2012. – ISBN 978–953–51–0584–8

[LZW+14] LI, Lulu ; ZHAO, Wenchuan ; WU, Fan ; LIU, Yong ; FAN, Bin: Aspheric surface reconstruction for scanning interference. In: *Optik - International Journal for Light and Electron Optics* 125 (2014), Nr. 11, S. 2587–2591. http://dx.doi.org/10.1016/j.ijleo.2013.11.014. – DOI 10.1016/j.ijleo.2013.11.014. – ISSN 00304026

[Mal07] MALACARA, Daniel (Hrsg.): *Optical shop testing, third edition*. 3. Hoboken and N.J : Wiley-Interscience, 2007

[Mes17] MESCHEDE, Dieter: *Optics, light and lasers: the practical approach to modern aspects of photonics and laser physics.* John Wiley & Sons, 2017

[MFF+06] MURPHY, Paul ; FLEIG, Jon ; FORBES, Greg ; MILADINOVIC, Dragisha ; DEVRIES, Gary ; O'DONOHUE, Stephen: Subaperture stitching interferometry for testing mild aspheres. In: *Proc. SPIE* Bd. 6293, 2006, S. 62930J

[MHGL09] MANTEL, Klaus ; HARDER, Irina ; GEIST, Eduard ; LINDLEIN, Norbert: Quasi absolute Test for Aspherics via dual Wavefront Holograms and a radial ShearPosition. Version: 2009. `http://dx.doi.org/10.1007/978-3-642-03051-2{_}53`. In: OSTEN, Wolfgang (Hrsg.) ; KUJAWINSKA, Malgorzata (Hrsg.): *Fringe 2009*. Berlin, Heidelberg : Springer Berlin Heidelberg, 2009. – DOI 10.1007/978–3–642–03051–2_53. – ISBN 978–3–642–03050–5, S. 1–6

[MK07] MELI, Felix ; KÜNG, Alain: AFM investigation on surface damage caused by mechanical probing with small ruby spheres. In: *Measurement Science and Technology* 18 (2007), Nr. 2, S. 496

[MNN13] MIKS, Antonin ; NOVAK, Jiri ; NOVAK, Pavel: Method for reconstruction of shape of specular surfaces using scanning beam deflectometry. In: *Optics and Lasers in Engineering* 51 (2013), Nr. 7, S. 867–872. `http://dx.doi.org/10.1016/j.optlaseng.2013.02.002`. – DOI 10.1016/j.optlaseng.2013.02.002. – ISSN 01438166

[MSJ05] MOUROULIS, Pantazis Z. (Hrsg.) ; SMITH, Warren J. (Hrsg.) ; JOHNSON, R. B. (Hrsg.): *Optics & Photonics 2005.* SPIE, 2005 (SPIE Proceedings)

[NCN02] NEAL, Daniel R. ; COPLAND, James ; NEAL, David: Shack-Hartmann wavefront sensor precision and accuracy. In: *Proc. SPIE* Bd. 4779, 2002, S. 148–160

[Ne82] Norm 4760 1982. *Gestaltabweichungen; Begriffe, Ordnungssystem, DIN 4760, Beuth Verlag GmbH*

[Ne99] Norm 13005 1999. *Leitfaden zur Angabe der Unsicherheit beim Messen, DIN 13005, Beuth Verlag GmbH*

[Ne12] NORMUNG E.V, DIN Deutsches I.: *Leitfaden zur Angabe der Unsicherheit beim Messen – Beiblatt 1: Fortpflanzung von Verteilungen unter Verwendung einer Monte-Carlo-Methode, DIN 13005, Beuth Verlag GmbH.* 2. Berlin, 2012

[NSD+91] NIEBAUER, TM ; SCHILLING, Roland ; DANZMANN, Karsten ; RÜDIGER, Albrecht ; WINKLER, Walter: *Nonstationary shot noise and its effect on the sensitivity of interferometers.* 1991

[ODG+10] OSTEN, W ; DÖRBAND, B ; GARBUSI, E ; PRUSS, Ch ; SEIFERT, L: Testing aspheric lenses: New approaches. In: *Optoelectronics, Instrumentation and Data Processing* 46 (2010), Nr. 4, S. 329–339

[OK09a] OSTEN, Wolfgang (Hrsg.) ; KUJAWINSKA, Malgorzata (Hrsg.): *Fringe 2009.* Berlin, Heidelberg : Springer Berlin Heidelberg, 2009. http://dx.doi.org/10.1007/978-3-642-03051-2. http://dx.doi.org/10.1007/978-3-642-03051-2. – ISBN 978–3–642–03050–5

[OK09b] OSTEN, Wolfgang (Hrsg.) ; KUJAWINSKA, Malgorzata (Hrsg.): *Fringe 2009.* Berlin, Heidelberg : Springer Berlin Heidelberg, 2009. http://dx.doi.org/10.1007/978-3-642-03051-2. http://dx.doi.org/10.1007/978-3-642-03051-2. – ISBN 978–3–642–03050–5

[Opt] OPTICS, Edmund: *All About Aspheric Lenses.* https://www.edmundoptics.com/resources/application-notes/optics/all-about-aspheric-lenses/, . – Zugriff am 29. Oktober 2017

[Ost13] OSTEN, Wolfgang: *Fringe 2013: 7th International Workshop on Advanced Optical Imaging and Metrology.* Springer Science & Business Media, 2013

[PBP70] PICINBONO, B. ; BENDJABALLAH, C. ; POUGET, J.: Photoelectron Shot Noise. In: *Journal of Mathematical Physics* 11 (1970), jul, Nr. 7, 2166–2176. http://dx.doi.org/10.1063/1.1665375. – DOI 10.1063/1.1665375

[PNA09] POLESHCHUK, A. G. ; NASYROV, R. K. ; ASFOUR, J.-M.: Combined computer-generated hologram for testing steep aspheric surfaces. In: *Optics Express* 17 (2009), Nr. 7, S. 5420. http://dx.doi.org/10.1364/OE.17.005420. – DOI 10.1364/OE.17.005420. – ISSN 1094–4087

[PPO13] PETERHÄNSEL, S. ; PRUSS, C. ; OSTEN, W.: Phase errors in high line density CGH used for aspheric testing: beyond scalar approximation. In: *Optics express* 21 (2013), Nr. 10, S. 11638–11651. http://dx.doi.org/10.1364/OE.21.011638. – DOI 10.1364/OE.21.011638. – ISSN 1094–4087

[Pru06] PRUSS, Christof: Absolute Testing of Aspheric Surfaces. In: *Optical Fabrication and Testing* Optical Society of America, 2006, S. OFTuB1

[PS10] PFEIFER, Tilo ; SCHMITT, Robert: *Fertigungsmesstechnik.* Oldenbourg Verlag, 2010

[RBF99] ROLF FREIMANN ; BERND DORBAND ; FRANK HÖLLER: Absolute measurement of non-comatic aspheric surface errors. In: *Optics Commnications* (1999), Nr. 161, S. 106–114

[Ren09] RENS HENSELMANS: *Non-contact Measurement Machine for Freeform Optics.* Eindhoven : Ponsen & Looijen b.v., Wageningen, the Netherlands, 2009. – ISBN 978–90–386–1607–0

[Rie88] RIEDL, Max J.: *Replication and Molding of Optical Components.* [S.l.] : [s.n.], 1988

[RKS+11] RHEE, Hyug-Gyo ; KIM, Dong-Ik ; SONG, Jae-Bong ; LEE, Ho-Jae ; LEE, Yun-Woo ; JO, Ja H.: Performance evaluation of laser lithographic machine for computer-generated hologram. In: *The International Journal of Advanced Manufacturing Technology* 52 (2011), Nr. 9-12, S. 1005–1009. http://dx.doi.org/10.1007/s00170-010-2803-3. – DOI 10.1007/s00170–010–2803–3. – ISSN 0268–3768

[RM91] RIEDL, Max J. ; MCCANN, James T.: Analysis and performance limits of diamond turned diffractive lenses for the 3–5 and 8–12 micrometer regions. In: *Analysis* 38 (1991), Nr. 09, S. 153–63

[RPT03] REICHELT, Stephan ; PRUSS, Christof ; TIZIANI, Hans J.: Absolute Interferometric Test of Aspheres by Use of Twin Computer-Generated Holograms. In: *Applied Optics* 42 (2003), Nr. 22, S. 4468. http://dx.doi.org/10.1364/AO.42.004468. – DOI 10.1364/AO.42.004468. – ISSN 0003–6935

[RSS16] RIEDEL, Jörn ; STÜRWALD, Stephan ; SCHMITT, Robert: Scanning measurement of aspheres. In: *Measurement* 85 (2016), S. 249–254

[RT02] ROCKTÄSCHEL, M ; TIZIANI, HJ: Limitations of the Shack–Hartmann sensor for testing optical aspherics. In: *Optics & Laser Technology* 34 (2002), Nr. 8, S. 631–637

[Rub85] RUBEN, Paul L.: Design and use of mass-produced aspheres at Kodak. In: *Applied optics* 24 (1985), Nr. 11, S. 1682–1688

[Sch01] SCHULZ, Michael: Topography measurement by a reliable large-area curvature sensor. In: *Optik - International Journal for Light and Electron Optics* 112 (2001), Nr. 2, S. 86–90. http://dx.doi.org/10.1078/0030-4026-00015. – DOI 10.1078/0030–4026–00015. – ISSN 00304026

[SDN12] SHOMALI, Ramin ; DARUDI, Ahmad ; NASIRI, Sadollah: Application of irradiance transport equation in aspheric surface testing. In: *Optik - International Journal for Light and Electron Optics* 123 (2012), Nr. 14, S. 1282–1286. http://dx.doi.org/10.1016/j.ijleo.2011.08.009. – DOI 10.1016/j.ijleo.2011.08.009. – ISSN 00304026

[Sei07] SEIFERT, Andreas: New Products For Synchrotron Application Based On Novel Surface Processing Developments. In: *AIP Conference Proceedings* Bd. 879 AIP, 2007, S. 459–462

[Sie93] SIEGMAN, Anthony E.: Defining, measuring, and optimizing laser beam quality. In: *Proc. SPIE* Bd. 1868, 1993, S. 2–12

[SP06] SOMMER, Klaus-Dieter ; PUENTE LEÓN, Fernando: *Informationsfusion in der Mess- und Sensortechnik*. Bd. 74. Karlsruhe : Univ.-Verl. Karlsruhe, 2006. – ISBN 3–86644–053–7

[SPC99] SOMMARGREN, Gary E. ; PHILLION, Donald W. ; CAMPBELL, Eugene W.: Subnanometer interferometry for aspheric mirror fabrication. In: *from Precision Science and Technology for Perfect Surfaces, Proc. Of the 9th International Conference on Precision Engineering (9th ICPE), Aug*, 1999

[SS04] SOMMER, Klaus-Dieter ; SIEBERT, Bernd R.: Praxisgerechtes Bestimmen der Messunsicherheit nach GUM. In: *Technisches Messen* 71 (2004), Nr. 2

[SS14] STUERWALD, Stephan ; SCHMITT, Robert: Investigation of diffraction-based measurement errors in optical testing of aspheric optics with digital micromirror devices. In: *Journal of Micro/Nanolithography, MEMS, and MOEMS* 13 (2014), Nr. 1, S. 011113–011113

[Stü14] STÜRWALD, Stephan: Functional Testing of Varifocals. In: *Optik & Photonik* 9 (2014), Nr. 2, S. 38–40

[Sys09] SYSTEMS, Optimax: Asphere-Metrology - Options for measuring aspheric lenses. (2009)

[TM11] TREY TURNER ; MARK DAMERY: Aspheric Optics: Ask for What You Want. In: *Photonics Spectra* (2011)

[Ulr84] ULRICH, Hans: *Management (Schriftenreihe Unternehmung und Unternehmensführung) (German Edition)*. Haupt, 1984

[Ven03] VENKATESH, V. C.: Precision manufacture of spherical and aspheric surfaces on plastics, glass, silicon and germanium. In: *Current Science* 84 (2003), Nr. 9, S. 1211–1219

[WB72] WYANT, J. C. ; BENNETT, V. P.: Using computer generated holograms to test aspheric wavefronts. In: *Applied optics* 11 (1972), Nr. 12, S. 2833–2839. http://dx.doi.org/10.1364/AO.11.002833. – DOI 10.1364/AO.11.002833. – ISSN 0003–6935

[WBD+05] WALKER, D. D. ; BEAUCAMP, A. T. H. ; DOUBROVSKI, V. ; DUNN, C. ; FREEMAN, R. ; MCCAVANA, G. ; MORTON, R. ; RILEY, D. ; SIMMS, J. ; WEI, X.: New results extending the Precessions process to smoothing ground aspheres and producing freeform parts. In: *Proc. SPIE 5869, Optical Manufacturing and Testing V* (2005), S. 58690E–58690E–9. http://dx.doi.org/10.1117/12.617067. – DOI 10.1117/12.617067

[WBK+03] WALKER, David D. ; BROOKS, David ; KING, Andrew ; FREEMAN, Richard ; MORTON, Roger ; MCCAVANA, Gerry ; KIM, Sug-Whan: The 'Precessions' tooling for polishing and figuring flat, spherical and aspheric surfaces. In: *Optics express* 11 (2003), Nr. 8. – ISSN 1094–4087

[WOB08] WISSMANN, Patrick ; OH, Se B. ; BARBASTATHIS, George: Simulation and optimization of volume holographic imaging systems in Zemax. In: *Optics Express* 16 (2008), Nr. 10, S. 7516. http://dx.doi.org/10.1364/OE.16.007516. – DOI 10.1364/OE.16.007516. – ISSN 1094–4087

[ZSZ10] ZHAO, Wenchuan ; SU, Xianyu ; ZHANG, Qican: Testing a large aspheric surface based on analysis of scanning 3D interferogram. In: *Optik - International Journal for Light and Electron Optics* 121 (2010), Nr. 6, S. 511–516. http://dx.doi.org/10.1016/j.ijleo.2008.09.004. – DOI 10.1016/j.ijleo.2008.09.004. – ISSN 00304026

[ZW08] ZHANG, Yan ; WANG, Bo: Optical image encryption based on interference. In: *Optics Letters* 33 (2008), Nr. 21, S. 2443. http://dx.doi.org/10.1364/OL.33.002443. – DOI 10.1364/OL.33.002443. – ISSN 0146–9592

Zusammenfassung / Summary

Zusammenfassung

Asphärische optische Bauteile bieten gegenüber klassischen sphärischen Bauteilen viele Vorteile, was kompaktere und leichtere optische Gerätschaften ermöglicht. Die etablierten Fertigungsverfahren benötigen Messverfahren begleitend zur Produktion, welche für den wirtschaftlichen Betrieb flexibel einsetzbar sein müssen und nicht auf einzelne Geometrien festgelegt sein dürfen. Die aktuell verfügbaren Messverfahren können diese Anforderung nicht vollständig und nur mit hohem finanziellem Aufwand, einer potentiellen mechanischen Beschädigung des Bauteils oder langen Messzeiten decken, so dass der Bedarf nach einem neuen flexiblen Messverfahren besteht, welches diese Lücke schließt.

Von diesem Bedarf der Praxis ausgehend wird im Rahmen dieser Arbeit ein neuer Ansatz zur flexiblen Messung von Asphären entwickelt und vorgestellt. Das zugrunde liegende Messverfahren ist Interferometrie, mit welcher die Geometrieinformationen des zu untersuchenden Bauteils erfasst wird. Das Konzept des Aufbaus wird detailliert beschrieben sowie die Wahl der Komponenten erläutert. Eine Strahlverfolgungssimulation aller Lichtwege durch den Aufbau und wird umfassend sowohl für die Auslegung als auch für die Steuerung des Messsystem genutzt. Die zusätzlich notwendigen Arbeiten für die Steuerung der aktiven Komponenten, insbesondere der Spiegel werden dargelegt und anschließend das Prinzip der Datenauswertung erarbeitet, woraus die gewünschte Information über die Topographie der Oberfläche erhalten werden kann.

Auf Basis der Wirkzusammenhänge zwischen den Komponenten und der Systemparameter werden daraus die Fehlereinflüsse abgeleitet, die für das vorgestellte Messsystem die wesentliche Rolle spielen, sowie die Beschreibung der Fehlereinflüsse für die Zwecke einer numerischen Simulation erarbeitet.

Anhand dieser Informationen wird eine Kalibrierstrategie vorgestellt, die ein Arbeiten mit dem Aufbau ermöglicht. Für die Validierung der entwickelten Modelle wird ein Versuchsaufbau beschrieben, durch welchen das Konzept des Messaufbaus in der Praxis gezeigt und die Verifikation der erarbeiteten Fehlermodelle und der Kalibrierstrategie geleistet wird. Abschließend findet eine Verifikation dieser erarbeiteten Fehlermodelle statt sowie eine Validierung des Aufbaus. Die finale Überprüfung und Gegenüberstellung mit den Anforderungen zeigt, dass das erarbeitete Messsystemkonzept die eingangs gestellten Anforderungen erfüllt.

Die Ergebnisse dieser Arbeit zeigen, dass eine flexible Vermessung asphärischer Oberflächen mit scannenden Verfahren möglich ist, wenn auch mit geringerer Messauflösung als die Mehrzahl der aktuellen Systeme. Die Auflösung reicht für die sichere Erfassung der Geometrie und somit für den Einsatz im Fertigungsumfeld.

Summary

Aspherical optical components offer many advantages over classical spherical components, enabling more compact and lighter optical devices. The established manufacturing processes require measurement methods accompanying production, which, for economic operation, must be flexible and not fixed to certain geometries. The currently available measuring methods cannot cover this requirement completely or only with high financial expenditure, potential mechanical damage of the component or long measuring times, so that the need for a new flexible measuring method to close this gap exists.

Based on this practical need, this work presents and develops a new approach for flexible measurement of aspheres. The underlying measurement technique is interferometry, which is used to acquire the geometry information of the device under test. The concept of the setup is described in detail and the choice of components is explained. A ray tracing simulation of all light paths through the setup and is extensively used for both the design and the control of the measurement system. The additional work required to control the active components, in particular the mirrors, is outlined and then the principle of data evaluation is worked out, from which the desired information about the topography of the surface can be obtained.

On the basis of the interdependencies between the components and the system parameters, the essential error influences for the presented measuring system are derived, and the description of the error influences for the purpose of a numerical simulation are explored.

Based on this information, a calibration strategy is presented, which allows working with the setup. For the validation of the developed models an experimental setup is described, by which the concept of the measurement setup is shown in practice and the verification of the developed error models and the calibration strategy is performed. Finally, a verification of the developed error models and a validation of the setup is performed. The final verification and comparison with the requirements shows that the developed measurement system concept fulfills the requirements stated at the beginning.

The results of this work show that flexible measurement of aspherical surfaces with a scanning methods is possible, albeit with lower measurement resolution than the majority of current systems. The resolution is sufficient for reliable detection of the geometry and thus for use in the manufacturing environment.

In der Reihe **Ergebnisse aus der Produktionstechnik** zuletzt erschienen:

Riedel, Jörn:
Scannendes Verfahren zur flexiblen Messung asphärischer Optiken
ISBN: 978-3-98555-177-4
Erscheinungsdatum: 31.10.2023

Buckhorst, Armin Friedrich:
Planung und Steuerung von Abläufen in linienlosen mobilen Montagesystemen
ISBN: 978-3-98555-174-3
Erscheinungsdatum: 26.09.2023

Schwarberg, Annika:
Identifizierung von Innovations-potenzialen durch die Analyse von Produktnutzungsinformationen
ISBN: 978-3-98555-169-9
Erscheinungsdatum: 17.08.2023

Schroers, Marius:
Gehörbezogene Auslegung zweistufiger Getriebe unter Berücksichtigung dynamischer Anregungseffekte
ISBN: 978-3-98555-165-1
Erscheinungsdatum: 01.08.2023

Vogel, Paul-Alexander:
Entwicklung eines Prozessmodells für die nicht-isotherme vakuum-unterstützte Dünnglasumformung
ISBN: 978-3-98555-140-8
Erscheinungsdatum: 21.06.2023

Ochel, Tim:
Prognostik zur Resilienzsteigerung im Werkzeugbau
ISBN: 978-3-98555-161-3
Erscheinungsdatum: 22.05.2023

Müller, Clemens:
Elektrische Widerstandserwärmung von Blechwerkstoffen zur Steigerung der Umformbarkeit
ISBN: 978-3-98555-175-0
Erscheinungsdatum: 16.10.2023

Scheuer, Thomas:
Fähigkeitsbündel zur Steigerung der Arbeitsproduktivität für intelligente produzierende Unternehmen
ISBN: 978-3-98555-173-6
Erscheinungsdatum: 25.09.2023

Heutmann, Timo:
Proactive Production Control for a Synchronized Tool Production
ISBN: 978-3-98555-164-4
Erscheinungsdatum: 03.08.2023

Müller, Ulrich:
Material Removal and Grinding Wheel Wear Mechanisms during Grinding of Polycrystalline Cubic Boron Nitride
ISBN: 978-3-98555-163-7
Erscheinungsdatum: 01.08.2023

Chavan, Prateek:
Substructuring Methods for Efficient Prediction of Spindle-Holder-Tool Assembly Dynamics
ISBN: 978-3-98555-160-6
Erscheinungsdatum: 05.06.2023

Schneidermann, Dennis:
Orchestration von Vertrauen in interorganisationalen Wissensnetzwerken der Fabrikplanung
ISBN: 978-3-98555-153-8
Erscheinungsdatum: 15.05.2023

Edition Wissenschaft Apprimus

Greipel, Jonathan:
Grouping of Inspection Characteristics to Reduce Costs of Adaptive Inspection Planning in Variant Production
ISBN: 978-3-98555-157-6
Erscheinungsdatum: 03.05.2023

Troß, Nico:
Mehrskalenmodellierung der thermomechanischen Werkzeugbelastung beim Trockenwälzfräsen
ISBN: 978-3-98555-158-3
Erscheinungsdatum: 19.04.2023

Nicksch, Christoph:
Konfiguration verteilter Large-Scale Metrology Systeme in rekonfigurierbaren Montageumgebungen
ISBN: 978-3-98555-152-1
Erscheinungsdatum: 20.03.2023

Ahmad, Mubarik:
Anregungsgerechte Auslegung und Tolerierung schnelllaufender Getriebe unter Berücksichtigung kurz- und langwelliger Verzahnungsabweichungen
ISBN: 978-3-98555-130-9
Erscheinungsdatum: 06.03.2023

Priwisch, Martin:
Kontaktfreie Bahnlaufregelung zur Herstellung funktionaler Mehrlagensysteme in einem kontinuierlichen Laminierprozess
ISBN: 978-3-98555-139-2
Erscheinungsdatum: 27.02.2023

Welsing, Martin:
Bewertung der ökologischen Nachhaltigkeit von Produktionsnetzwerkkonfigurationen
ISBN: 978-3-98555-155-2
Erscheinungsdatum: 19.04.2023

Beckers, Alexander:
Auslegung wirtschaftlich-technologisch optimierter Fertigungsprozessfolgen mittels prozessübergreifender Modellierung
ISBN: 978-3-98555-154-5
Erscheinungsdatum: 18.04.2023

Gipperich, Marius:
Untersuchung eines Zweistrahlprozesses als Ansatz zur Prozessstabilitätserhöhung des drahtbasierten Laserauftragschweißens
ISBN: 978-3-98555-151-4
Erscheinungsdatum: 15.03.2023

Motschke, Tobias:
Analyse und Modellierung der Dämpfungseigenschaften von Spindellagern
ISBN: 978-3-98555-148-4
Erscheinungsdatum: 06.03.2023

Frye, Maik:
Recommending Data Preprocessing Pipelines for Machine Learning Applications in Production
ISBN: 978-3-98555-147-7
Erscheinungsdatum: 15.02.2023

Edition Wissenschaft
Apprimus

FSC
www.fsc.org
MIX
Papier | Fördert
gute Waldnutzung
FSC® C083411

Zeitfracht Medien GmbH
Ferdinand-Jühlke-Straße 7
99095 Erfurt, Deutschland
produktsicherheit@kolibri360.de